PUHUA BOOKS

我们一起解决问题

格式塔心理咨询
理论与实践

王 铮◎著

人民邮电出版社

北 京

图书在版编目（ＣＩＰ）数据

格式塔心理咨询理论与实践 / 王铮著. -- 北京：
人民邮电出版社，2022.7
ISBN 978-7-115-59383-2

Ⅰ．①格… Ⅱ．①王… Ⅲ．①心理咨询 Ⅳ.
①B849.1

中国版本图书馆CIP数据核字(2022)第096271号

内 容 提 要

在各种心理咨询的理论流派中，格式塔心理咨询是整合理论的先锋，正因为如此，它可以在发展过程中继续实现新的整合。本书是作者基于在我国多年实践格式塔心理咨询的经验，结合格式塔心理咨询的理论与技术而写，既讲述理论，也有案例辅助。

本书共分为四个部分，即理论篇、概念篇、技能篇和应用篇。理论篇主要介绍了格式塔心理咨询的理论背景及其与各主要流派的关系，为理解格式塔心理咨询的概念和干预技术奠定基础。概念篇探讨了格式塔心理咨询的核心概念，从理论出发，连接实践中的干预技术。技能篇阐述了格式塔心理咨询的核心干预措施，形成实践干预的工具箱。应用篇落实到格式塔心理咨询在实际咨询、危机干预及督导中的应用，示范了从技术到应用的过程。最后还附有三个相对完整的案例对话，并且配有理论解读，可以让读者真实感受格式塔心理咨询的魅力与效力。

本书适合心理咨询师、心理治疗师、心理学老师和学生及社会工作者阅读。

◆　　　著　　　王　铮
　　责任编辑　　柳小红
　　责任印制　　彭志环

◆ 人民邮电出版社出版发行　　　北京市丰台区成寿寺路 11 号
　　邮编 100164　　电子邮件 315@ptpress.com.cn
　　网址 https://www.ptpress.com.cn
　　北京虎彩文化传播有限公司印刷

◆ 开本：720×960　1/16
　　印张：14.5　　　　　　　　　　2022 年 7 月第 1 版
　　字数：202 千字　　　　　　　　2025 年 10 月北京第 14 次印刷

定　价：69.00 元
读者服务热线：（010）81055656　印装质量热线：（010）81055316
反盗版热线：（010）81055315

推荐序 1

多么受欢迎的创作—— 一本内容丰富的中文格式塔专业图书出版了！

仅是浏览一遍目录，便让人有种忍不住一口气读完的感觉。

感谢王铮博士在辽阔的中国大地让格式塔疗法[①]生根发芽、茁壮发展！感谢王铮博士为如此意义非凡的目标不懈地努力并做出自己的贡献！

很荣幸受邀为本书做开篇序文，就像王铮博士在书中提到的，对任何事物而言，奠定其基础最重要的部分就是关系。格式塔疗法是一种关系疗法，是以治疗师和来访者的真诚相遇为工作核心的。

格式塔疗法是一种存在哲学，指引着我们如何存在于世，以及人与人之间的关联性、联结与分歧如何产生。根据定义所指，它是所有关系的基础，包括治疗性的、系统性的、人与人之间的、人与环境之间的关系。格式塔疗法有三大理论支柱，以对话的方式在由各种现象组成的场中寻找关联和联结，希望达成共存的目标。

当今时代，人类长期需要面对的挑战是，让我们颇感不适的深深的不确定性，格式塔的存在哲学正是使我们能应对这一点的学科。皮尔斯受到他的旅行的影响，尤其受到他在东方学习禅宗的影响。实际上，他是在东方文化和西方文化极性交汇处将力量整合的极佳典范。我相信，皮尔斯开放的思想和好奇心使他意识到，差异是思想和实践的基础，所以他敞开心扉拥抱差异。治疗师是来访者的向导与帮助者，是他们体验当下的协助者（无论当下的体验多么让人不舒服），从而让来访者和其所处系统被赋能。格式塔的存在哲学通过体验、

---

① 格式塔疗法，可以在心理咨询和心理治疗中使用。

试验、接触和关系等方法来提高人们的觉察力。

对话关系立场是格式塔疗法提供给每位主动选择此疗法的专业人士的哲学工具，他们在自己的现象学场中，对寻求如何扩展我 - 你关系达到共存状态感兴趣。我们的宇宙不仅充满了众多不确定性，而且包含着多样化和冲突。通过国家和文化视角，从个人系统到全球系统都面临的复杂性课题之一是未竟事宜、未愈合的伤口及不完整的事件，是这些导致了人们之间的仇恨、分裂，甚至战争。本书提供了学科支持，便于大家在任何层级探索修复破裂关系的路径。许多人在年轻的时候如果不具备创造性调整的能力，并且多数时间处于对外部的需求中，最终会导致其遭受本身固化的格式塔的禁锢并因此感到痛苦。这意味着，他们已经失去了主动改变的觉察力，继续习惯性地对事物做出反应，而不能采用创造性、相关性及适宜的新方式，通常这对关系中的双方都不利。

我们独特的贡献在于提供了一种特有的工具，用以支持、发展和优化人们在对话中建立关系，从而提高他们的觉察力，让他们不仅仅具备生存下来的能力，而且可以进一步提高心理耐受力、存在于当下的能力、与人联结的能力、体验和享受生活的能力。

王铮博士集结了这么多令人赞叹的专业人士，共同创作了这幅锦绣之作——这本身就是一项成就。

让这本书走近你的心灵

用心阅读

让它接触你的内心世界并使之丰盈、愉悦

塔里亚·巴尔 – 约瑟夫·莱文（Talia Bar-Yoseph Levine）

国际格式塔治疗促进协会主席

推荐序 2

衷心感谢王铮博士撰写的这本极具洞察力和意义非凡的著作，给予我们彼此可以更加密切合作与交流的机会！我们相信这将意义深远。王铮博士因其致力于推广格式塔疗法而被中国和世界各国心理学界的同仁所熟知。我们非常欣赏他的才华及他所具备的专业知识和技能，欣赏他拥有国际视野下的开放和发展的态度，更欣赏他努力实现在中国心理学领域传播格式塔疗法的目标。他呈现出了作为中国人与这个丰富多彩的世界相处的特有方式。

我们坚信，中国心理学和心理治疗领域需要采用格式塔疗法的技术、愿景和认识论来构建，从而形成更丰富的专业理论、专业知识和专业价值。国际格式塔学术社区也离不开众多中国心理治疗师对格式塔理论和实践发展的卓越贡献，并从中深深受益。

虽然格式塔理论的根基可以追溯到现象学、精神分析、格式塔心理学和实用主义，但众所周知，其对世界、人及各种关系的许多方面的知识和理解来自中国文化。洞察力这一技术部分为格式塔疗法的创始人所熟知，部分源自深入而具体的研究——对人类和世界关系的研究，以及对个人与其所处的环境之间持续的相互联系的研究。事实上，意识是格式塔疗法理论和实践中的一个基本概念。这意味着，感知觉（在更广阔或更狭小的领域起作用的力量）通过对世界的感知和有效运作成为人与环境这一背景中的一部分。我们将关系和社会视为先于人而存在，而将自我视为从该领域出现的现象。我们的工作和学习游走在游戏的两极，就像阴中有阳，阳中有阴，存在于一个持续不断变化和出新的过程中。

格式塔疗法所具有的这种与中国文化的平行相似性预示了其在历史性发展

中出现的一些转折点和重要领域，现在就让我们更详尽地了解这种疗法在几十年间是如何形成和发展的。

让我们一起看看在统一原则的整体框架下，格式塔疗法是如何被用不同的方式诠释的。而所有这些方式在本书中均有很好的呈现。

格式塔疗法的创立要感谢两位欧洲人，即一对德国夫妇（其中，男士是犹太人），他们在 1933 年逃离德国后，从南非抵达纽约。

这对德国夫妇便是皮尔斯夫妇，他们给新生的格式塔疗法注入了精神分析理论元素，为哲学、社会学和教育学等综合视角贡献了更丰富和细微且不同的观点。

一群具有不同背景（包括地理位置、专业、技能和生活经验等）的人本主义疗法的创始人，对格式塔疗法的理论和实践的形成做出了诸多贡献，正如皮尔斯、赫弗林和古德曼所著的该模型的奠基之作《格式塔疗法：人类人格的兴奋和成长》。

从发展初期，该疗法的理论概念及其在实践应用中的多样化基础便源于不同领域的专业人士和专家。因此，极性从起初就存在，一部分被吸收并融入理论模型，例如，思想和身体、个体和社会互为极性。

20 世纪 60 年代，这些创始人所追求的多样化及其自身的多样化经历，在几十年间产生并塑造了格式塔疗法不同形式的并行发展，其中交织着不同的路径，也蕴含着变化和转变，这些在所有的心理模型中已经有所体现。

我们可以通过观察格式塔疗法中的自我概念来说明关系取向和场视角的出现。

从一开始，格式塔疗法将自我视为一个过程，一个不断转变的现象，不仅涉及个体的变化，还涉及个体所处环境的变化。

因此，对格式塔疗法而言，自我的概念一直是超越个体的。然而，即使在这里，我们仍然会发现自我存在于一对极性中，即存在于个体和环境的极性中。尽管基础文本在解决理论建构上的二分法方面做了很多工作，但在实际临床工作中，受当时的社会和文化的影响，治疗干预的目标仍经常持续关注作为个体的来访者。

随着关系的转变，自我最终被视为共同创造，实践中的治疗开始较少关注来访者本身的运作方式，而是聚焦于来访者和治疗师是如何共同创造他们的相遇、如何共同运作和相互影响的。舞步经常被用来比喻上述过程——在治疗中，来访者和治疗师如何创造了他们共同的舞蹈，开启了存在于世界的新的觉察和可能性。

从现象学视角出发，格式塔疗法看到来访者和治疗师从未被分化的基础背景中脱颖而出。因此，治疗的概念不是两个个体走到一起进行合作，而是更加根本，即由在场中移动的力量 - 意向性达成的。因此，治疗过程在于认识这些力量并维持其转变过程。从这个角度来看，治疗不是专注于改变来访者的干预，而是围绕着治疗师在场的调节、治疗师的感受及从其感受出发的工作方式，这才是诊断和治疗的核心。

治疗师的感受成为卓越的诊断和治疗工具。

如今，这些不同的观点，包括个体的、双人的、场的，在不同的流派中，甚至在同一个领域或治疗期间所采用的不同方法中相互影响。这些观点在本书中均有阐述。

我们认为，本书不仅对当今的格式塔疗法而言，而且对格式塔疗法的未来而言都很重要。未来，从王铮博士本人开始，本书在我们与中国的同事更密切的合作中将发挥重要作用。

我们希望能够在未来与中国的同道开展更加频繁和富有成效的学术和临床交流。

最后，我们为中国的读者送上一份深深的祝福——愿你们未来在对格式塔疗法的理论和临床实践的探索中硕果累累、富有成效！

詹尼·弗朗西塞蒂（Gianni Francesetti）
欧洲格式塔治疗协会前任主席
意大利心理治疗协会主席

推荐序3

格式塔，格物致知，自知者明

难得的机缘，我成了《格式塔心理咨询理论与实践》一书的最初读者。这本书是王铮博士的一部力著，全书共四篇、19章，从理论、概念到技能与应用，将格式塔的缘起与内涵，心理咨询的方法与应用，逐一呈现给读者，传达出了格式塔的魅力，展现了格式塔的影响。

王铮博士在大学期间就与格式塔疗法结缘，接受了欧洲体系的专业训练；其大学、硕士与博士，均在敖德萨国立大学完成，获得了诸多国际资深心理学家，尤其是格式塔心理咨询师的支持。从其著作的字里行间里，读者能够感受到王铮博士对格式塔心理咨询的情怀与愿景。知之者不如好之者，好之者不如乐之者，这些足以形成本书的风格。

王铮博士知道高觉敷先生是将格式塔心理学引入我国的主要学者，于是他找到我。我的博士（1984—1989年硕博连读）论文是由高觉敷先生指导的，主题正是格式塔心理学的研究与发展：动力与整合，勒温的心理场论。在1949年之前，我国有关格式塔心理学的论文和文章大多出自高觉敷先生之手。我国另两位早期的格式塔学者，也都与高觉敷先生有所关联。例如，肖孝嵘在其于1934年出版的《格式塔心理学原理》一书的前言中注明"本书的撰写动机和出版主要是由于高觉敷先生的鼓励与帮助"；1937年翻译出版考夫卡《格式塔心理学原理》的傅统先，也在其译者前言中专门提及，书中诸多的术语翻译均受益于高觉敷等人的讨论与启发。

如王铮博士在书中的解读，"格式塔"也被翻译为"完形"（如朱光潜），包含"人格整合"的寓意。在我的最初印象中，"格式塔"一词在德文中具有混沌、朦胧与圆融的意境，有其固有的美感与微妙。我曾与高觉敷先生探讨"格式塔"的翻译及其内涵，格-式-塔：格物致知，式样法理，塔之完整与灵动，音近意切，近乎完美的中文表达。亦如高觉敷先生的"伊底"，对弗洛伊德核心心理结构"Id"（Id-Ego-Superego）的翻译，音意合璧，取自成语"伊于胡底"（语出《诗经·小雅》"我视谋犹，伊于胡底"），其所要表达的正是深远至混沌的状态，"我"之未形之际。基于理解之上的翻译与阐释，已是具有理论与方法的意义；音译与意译的整合，属于一种文化的重新创造。

我曾接受过完整的格式塔疗法训练，也参与过国际心理场论和国际格式塔治疗促进协会的工作与学术交流。我的格式塔疗法督导老师曾这样对我说：荷永，你们的心理分析（她知道我是荣格学派心理分析师）是中国禅宗的西方化，而格式塔治疗师则以中国道家为基础。我们曾一起讨论格式塔与荣格分析心理学的联结，而她自己的分析师正是一位资深的荣格学者。

在王铮博士所著的《格式塔心理咨询理论与实践》一书中，我们能读到格式塔心理咨询与经典精神分析、人本主义与超个人心理学的相互影响，以及与荣格分析心理学的互通之处。固着的格式塔或未完成的格式塔都近乎一种"情结"，对人的存在和行为有着潜在的影响；而情结及对情结的深入研究正是联结弗洛伊德与荣格的关键，也是意识与无意识沟通与转变的要点；代表格式塔心理咨询特色的心理剧场与空椅子技术，也总是让人感受到荣格积极想象和意象对话的神态与影响。正如王铮博士在本书中所阐释的，格式塔心理咨询关注一个人从"是谁"到"成为谁"的过程，其中的形容依然近似于荣格分析心理学的核心，即自性与自性化。正如王铮博士所言："当一个人成为一个更立体、更完整、更丰富、更真实的人时，他也会更好地享受与这个真实世界的接触，更好地服务于自己、他人和这个世界。"

荣格曾入我梦中，来到我的"洗心岛"，化名罗杰斯，对我成为心理分析师进行最后的考核。其中，在第一场考试中，我运用"格式塔"的方法通过了考试；在第二场考试中，我应用了马斯洛和罗杰斯的人本主义；在第三场考试中，我使用了以中国文化为基础的核心心理学，一种以心传心的感应。一旦使用了"格式塔"的方法，在表达其本义混沌与圆融的同时，也融入了格物致知、式样法理，以及完整与灵动。大学之道在明明德，在亲民，在止于至善，其方法与途径则始自格物致知，正心诚意；亦如老子教诲：知人者智，自知者明。明心或能见性，返璞寓意归真。

感谢王铮博士的努力，对其融理论、概念、技能与应用于一体的新著《格式塔心理咨询理论与实践》一书，谨以"格式塔，格物致知，自知者明"作为序言。

申荷永

华人心理分析联合会会长

华南师范大学心理学教授、博士生导师

2022 年 6 月于麓湖洗心岛

前言

我个人很喜欢格式塔心理咨询，这要追溯到我在敖德萨留学的时候，当时敖德萨国立大学的心理系以其传统经典的实证主义心理学研究而闻名世界。开学伊始，几乎每位心理学老师都会给我们讲解大学心理学系的历史发展。例如，大学心理学系创始人谢切诺夫在 1863 年出版了《脑的反射》一书，标志着俄国生理心理学的诞生，现在莫斯科国立医科大学仍是以谢切诺夫来命名的；1903 年，敖德萨国立大学建立了苏联第一个科学心理学的实验室，其创建者是心理学之父冯特的第一位俄国学生兰格；还有大家了解的苏联著名的心理学家维果斯基、鲁宾斯坦和艾里金等人，他们都在这里工作过，这些名人奠定了苏联心理学在世界上的地位，也孕育了敖德萨学派，而我对这些基础与实证心理学的理论研究毫无兴趣。直到大二，我到大学的一个继续教育学院给一位临床心理学老师送资料，学院门口的牌子上写着"临床心理学研究所"。他把我带进一间教室，教室里大概有三十多人围坐一圈，正中间放置着一块白板，上面用黑色的碳素笔写着"GESTALT THERAPY"（格式塔疗法），看起来，大家正在开一个研讨会。我第一次见到这样的上课形式，所以非常好奇。他向大家介绍了我，我问他什么是格式塔。也许是我太年轻，也许因为我是外国人，也许我提的问题太幼稚，大家都笑了起来，大家的笑并没有让我感到不好意思，更多感到的是温暖、抱持。过了一会儿，他示意我坐在圈外观察，整个过程虽然只有短短的 2 小时，但我依然被深深地吸引了。作为一位观察者，我看到每位参与者真实地表达自己，接触、觉察、阻抗，创造性地调整，我第一次听那些晦涩的概念，虽然还难以理解，但这种体验式的学习让我对心理学产生了深深的向往。现在想来，那天我初识格式塔，这种美好的体验，奠定了我与格式塔的缘分。

后来我才知道，这位老师就是莫斯科格式塔心理治疗研究院的首席督导师亚历山大·马柯霍维可夫博士，被誉为苏联的皮尔斯（格式塔疗法的创始人），在欧洲很多国家传播格式塔疗法。当我了解了这些之后，我就非常希望能够成为他的学生。在去找他之前，我做了一些功课——查阅了大量格式塔治疗的文献；阅读了大量的案例读本；了解了格式塔疗法的理论。总之，我下定决心要成为他的学生。接下来的故事还是印证了贝瑟的话，**当你想成为某人时，你成为不了某人，当你成为某人时，你就成了某人。**我见到马柯霍维可夫时，因为过于紧张，本想给他泡一杯热茶，不料弄巧成拙，把热茶洒在了他的西装上。我看得出，他有些生气："你在走廊里等一会儿吧！"我无奈地推门出来，站在走廊里，我脑子里冒出了社会心理学中的一个概念，即"出丑效应"——一个很有能力的人偶然犯一点小错误，当众出丑会更吸引人。我心里这样想着，就看见他从办公室里走了出来，我赶忙上前跟他搭话："对刚才的事情，我非常抱歉，我非常想成为您的学生，所以刚刚主动为您泡茶，但是好心办了坏事，这就是我的瑕疵，正像心理学上的出丑效应，我越出丑，说明我越真实，您也会越喜欢我吧！"话音刚落，他摸了摸我的头，笑着说："你忘了，出丑效应成立的前提是，那个人是有能力的人……"很荣幸，最终我成了亚历山大·马柯霍维可夫博士的学生，感恩他把我领进了格式塔的大门。我曾经答应邀请他来中国传播格式塔疗法，但这个承诺却成了师徒之间永远的未完成之事。写到这里，我已泪目，老师的音容笑貌又一次浮现在我的眼前。

生活之余，我总会问自己，什么是格式塔？在传播格式塔疗法的道路上，我也经常被问及这个问题。自我在不断地变化，我们对格式塔的理解也在不断地变化，因为**每个人都经历着从是谁到成为谁的过程。**正像埃文·波斯特在国际格式塔大会上所说："我现在告诉你的格式塔疗法是我现在理解的格式塔，过一会儿你再问我，我也许会忘了现在的答案，给出不一样的回答。"也许这就是格式塔的魅力。**格式塔疗法注重治疗与咨询的科学性、过程性、创造性、**

艺术性，以现象学为基础，以觉察为目标，在我 - 你关系中展开对话，强调接触、体验，是一种整合性的个人心理与精神的成长之道，所以，它深深地吸引着我。这种成长之道也浸入了我的骨血，带给我无穷的力量。前不久，一位国际格式塔治疗大师参加了我的工作坊，他开玩笑地说，你就是中国的皮尔斯。回国 10 年以来，我在全国各地积极推广格式塔疗法，在北京、上海、广州和深圳等全国 40 多个城市建立了格式塔疗法培训基地，培训格式塔取向的心理学从业者近 3 000 人；先后协助山东省心理卫生协会、辽宁省心理咨询行业协会和湖南省社会心理学会组织成立了格式塔疗法专业委员会；与中南大学、南京大学、华南师范大学、青岛大学和湖南师范大学等高校和科研院所建立了学术交流合作关系。最令人兴奋的是，2019 年 1 月 14 日在北京召开了首届华人格式塔心理治疗大会，国际格式塔治疗促进协会主席塔利娅博士、欧洲躯体治疗协会主席卡曼博士首次访华，近 500 位中国的格式塔取向的心理学从业者参加了大会，盛况空前，此次大会印证了我国格式塔心理咨询与治疗的发展得到了国际的认可。

本书的内容试图回归中学为体、西学为用的思想，是我个人实践与成长中的拙见，期待各位心理学界的同仁不吝赐教。

本书得以最终出版，我要感谢很多人，特别是我的家人，感谢我的太太对我工作的支持与理解；感谢国际格式塔治疗促进协会主席塔利娅博士、欧洲格式塔治疗协会前任主席贾尼·弗兰西斯迪博士和华南师范大学博士生导师申荷永教授为本书作序；感谢我的学生谢汤文、柳慧萍、徐慧、晋雪莹和于悦帮助我查阅了大量的文献资料；感谢丁文彬、张文杰、郝晓丽、罗王标、杨京达、陆海英、高明娟、黄爱英、原永敏和郭丽丽等老师对本书的校对；感谢人民邮电出版社普华文化发展有限公司的贾福新总经理、柳小红编辑对本书的大力支持；感谢梁清波女士对本书的支持。

如今，我们迎来了中国心理学大发展的春天，希望本书可以为中国社会心理服务体系建设贡献一份微薄的力量。

目 录
CONTENTS

第一篇

理论篇

第1章
格式塔心理咨询概述

什么是格式塔

　　格式塔一词在德语中为"Gestalt"，它是一个内涵极其丰富的词，在英语中甚至没有等义词，很难用单个英语词完整诠释其意义。中文将它音译为"格式塔"，意为"完全形态"或"完形"，这就造成了国内对这一流派的翻译上既有"格式塔疗法"，也有"完形疗法"，但它们在本质上并没有任何区别。根据塞尔吉奥·西奈（Sergio Sinay）的说法，这个词第一次出现于1523年的《圣经》中，意思是"暴露的"，随后它不断演变，如今许多词都与其密切相关，包括现代汉语中的"形式""结构""形状"这些概念，但又都无法恰如其分地完整诠释它的本意。

　　在格式塔心理学和格式塔心理咨询中，格式塔被用来指"经验到的整体"，任何一个以整体的方式被经验的事物都可以称为一个"格式塔"，即一个"完形"。对此，弗里茨·皮尔斯（Fritz Perls）表示："格式塔是一种不可简化的现象，它是一种本质。如果整体被分解成部分，它就消失了。"申荷永认为，"格式塔"一词的内涵包括整体的构造与整体的特征，所有不同的部分都存在于一个基本的整体结构中，并且共同组成新的整体特征。这如同格式塔心理学中那句著名的格言：整体大于部分之和。所以，对"格式塔"的理解，就是从整体的角度看待事物，一个格式塔即为一个整体，包含这个整体的事物及其与情境之间的动态关系。

我们以一棵树为例。树根、树干、树枝和树叶（有的树可能会开花、结果），这些是树的组成部分。把这些部分相加，显然还不足以构成一棵我们看到的树。我们看到的树，不是孤立的，没有空间背景，没有承载树的土地，没有人对树的命名，没有人看到树存在于这个时空，树就不会成为一个显性的概念，就不是我们现在所说的树。

格式塔心理咨询的实践应用也是如此。例如，心理咨询师看到来访者的时候，可能看到他的某种临床症状，或者主诉的某个问题，或者固着于过去的某个场景。如果心理咨询师单一地看待这些症状或问题，就只能看到那一棵孤立的树，而失去对这种症状、这个问题与整体的联结。就像树一样，如果没有周围的背景衬托，没有厚重的大地承载，它可能就不是树了。所以，格式塔取向的心理咨询师需要用整体的观点看待来访者身上呈现出来的症状或其主诉的问题，不仅要看到来访者身上呈现出来的这些表象，更要看到造成这些表象的情境，也就是背景部分。它们共同构成一个整体，也就是一个格式塔。

格式塔的意译——"完形"，或者更具体一点说"人格的整合"。格式塔心理咨询的最终目标便是"人格的整合"。格式塔心理咨询将人本身看成一个整体，重视来访者的认知、情绪情感、觉察力、意志力、行为和身体状态等，并认为各部分并非独立运作，而是互相影响，同时与其所处环境互为依存的。在心理咨询过程中，秉持整体论的视角，心理咨询师也成为来访者所属的整体环境的一部分并发挥作用，最终促成来访者完整的自我觉察，从而达到创造性的调整，使其人格的整合自然发生。因此，整体的意义，对格式塔心理咨询来说，如同其命名所蕴含的深意，是极为重要的。

尽管皮尔斯在创立格式塔心理咨询学派之初便已经建立完整的理论体系，却并未给格式塔心理咨询下过精准的文字定义。也许是他不想用文字束缚格式塔心理咨询继续完善和成长的空间，也许是不想让格式塔取向的心理咨询师和实务工作者在心理咨询过程中感到被限制。皮尔斯身体力行的开放与包容精神创造了格式塔心理咨询在心理咨询史上的多元性，使格式塔取向的心理咨询师都各自具有自己的咨询风格，这也让格式塔心理咨询在传承和发扬的过程中，甚至在定义格式塔心理咨询时，让后来者拥有了更多维、更个性化的视角。

皮尔斯在一次接受采访时被问道："什么是格式塔心理咨询？"皮尔斯觉得说话、讨论和解释都不能够真实诠释，所以他当场让主持人做来访者，而且特别强调要在此时此刻做真正的来访者。经过体验后，主持人虽然依旧无法定义格式塔心理咨询的概念，但他在体验中已经知道了什么是格式塔心理咨询。由此可见，在格式塔心理咨询的理论框架中，身体的体验要比头脑中的概念更加重要。

这种不断进行的重新审视、重新解读和打破主流话语权的行动，恰好证明了格式塔心理咨询中的"实验"精神。正如实验所诠释的意义，即格式塔心理咨询中"是什么"的问题。从更广泛的领域和视角来解释，格式塔心理咨询是对于它所处时代的人性和人生议题的一种领悟、一种理解、一种参考……

格式塔心理咨询与格式塔心理学

皮尔斯对格式塔心理咨询的命名，对格式塔心理学意味着什么呢？这在学术上存在较大的争议。

有学者认为，格式塔心理咨询的核心整体论方法是格式塔心理学，并且由格式塔心理学的临床派生而来。受马克·韦特海默（Max Wertheimer）、沃尔夫冈·科勒（Wolfgang Kohler）和库尔特·考夫卡（Kurt Kofka）等人的格式塔心理学基本理论的影响，格式塔心理咨询沿袭了格式塔心理学中广为流传的一些理论概念，如整体论、场理论、系统论及图像 - 背景原则等，皮尔斯将格式塔心理学整合到格式塔心理咨询的基本原理中。皮尔斯认为，人们知觉到的一切都是在其产生兴趣后赋予意义的整体，人们有一种完成未完成事件的自然倾向，可以通过顿悟创造性地适应环境。的确，作为纯学院派的格式塔心理学，其研究成果在皮尔斯之前仅止于理论层面，并未在心理咨询中有所实践。而皮尔斯等人创立的格式塔心理咨询，因为与格式塔心理学有共同的以存在主义哲学、现象学为基础的哲学背景，所以被认为是格式塔心理学的临床派生也不足为奇。不少知名学者支持上述观点，其中包括格式塔心理学研究与学习中心的皮尔斯的学生加里·M. 扬特夫（Gary M. Yontef），以及维也纳大学的终身教授、格式塔心理学家韦特海默的学生汉斯 - 于尔根·沃尔特（Hans-Jürgen Walter）等。

与此同时，也有不少学者持不同看法。20 世纪 60 年代，格式塔心理咨询开始大发展，皮尔斯在不同地区开始进行游学，大家对于他的评价也是褒贬不一。很多人认为皮尔斯放荡不羁，认为格式塔心理咨询的内容与格式塔心理学没有任何关系。所以，在这个过程中，他也受到了格式塔心理学家鲁道夫·阿恩海姆（Rudolf Arnheim）等人的攻击，称皮尔斯只是盗用了完形之名，没有进行完形之实。这些人认为，格式塔心理咨询并不是格式塔心理学的直接应用或延伸，二者的心理学派别和理论体系存在明显的区别。例如，在研究对象上，格式塔心理学将焦点放在对知觉的"结构"和"组织"上，用考夫卡的话来说，是研究"我自己在我的行为环境中的行为或别人在他的行为环境中的行为"。而格式塔心理咨询将视野放在更广阔的人类经验领域中，专注于人类的成长与发展，开创了一条新的探索之旅。在方法论上，学院式的格式塔心理学渐渐走入较为单一的实验主义的框架，从未想过要将其理念运用于心理咨询领域。而格式塔心理咨询具有不可分割、相互依存的丰富理论系统，且灵活运用各种有创造性的格式塔心理咨询技术，促进来访者的觉察与成长。故而德国格式塔心理学家阿恩海姆、美国著名心理学家詹姆斯·默塞尔（James Mursell）等学者认为，这两个学派虽然名字相近，但本质截然不同。

格式塔心理咨询与精神分析

皮尔斯曾接受过系统的精神分析训练，受到了卡伦·霍妮（Karen Horney）、威廉·赖希（Wilhelm Reich）和奥托·兰克（Otto Rank）等人的直接影响。其中，赖希对皮尔斯的影响尤为深刻，在 20 世纪 30 年代，他是皮尔斯的分析师。皮尔斯曾在书中写道：在很多方面，赖希是第一个影响我的人。赖希也是西格蒙德·弗洛伊德（Sigmund Freud）的学生，在心理咨询中，他除了运用弗洛伊德的心理分析方法以外，还加入了身体接触和呼吸练习。赖希认为，身体和心理现象是一体的，在开展心理咨询时，可以同时使用心理和身体的介入策略。受到赖希的影响，皮尔斯开始将此时此地的概念和身体性格防御模式整合到一起。他认为，性格是身体的一种表达，姿势、呼吸和回射都是身体和环境反应的自然形态。但是，与赖希不同的是，皮尔斯不只关注来访者的身体动作和表达，更重视来访者对自己身体的体验。皮尔斯并不采用赖希心理分析的方法，而是将注意力集中于身体，恢复对身体的觉知。

弗洛伊德对皮尔斯的影响很大，正统的精神分析理论成为皮尔斯创立格式塔心理咨询的核心背景。皮尔斯也直接受到霍妮新精神分析思想的影响，强调文化、环境及人际关系在个体身心发展和心理咨询中的重要性。

在吸收与尊重的基础上，皮尔斯对弗洛伊德精神分析的一些理论和方法提出了批评和修改。例如，皮尔斯批评精神分析将正常的人际关系排除在外，刻意重视解释的方法，心理咨询师以分析和解释为主等。因批判性的吸收态度，格式塔心理咨询自然而然地与精神分析存在许多差异。在精神分析中，心理咨询师以分析和解释为主，让来访者自由联想，并通过与来访者的情感隔离来促进来访者移情。格式塔心理咨询并不鼓励心理咨询师分析移情，而是采用对话和现象学描述的方法，重视心理咨询师和来访者此时此地真实的接触和关系。格式塔心理咨询强调，真实的存在和体验比解释和分析更可靠。

格式塔心理咨询与心理剧

皮尔斯早年在柏林皇家戏剧院做临时演员时，曾跟随德意志歌剧院的导演马克西·莱因哈特（Max Reinhardt）学习戏剧表演。这段经历使他意识到，人们在传递信息的过程中，在语言之外，非语言信息也很重要。所以在创建格式塔心理咨询时，皮尔斯充分融入了对非语言信息的观察，使格式塔心理咨询有了心理剧的影子。有一次，皮尔斯在一家医院给医务工作者团体授课，进入房间后，他并没有像其他心理咨询师一样开始讲授知识，而是径直走到团体成员身边，与他们每个人进行简短的交流，随即指出每个人的个性特征及行为习惯。这非凡的能力深深震撼了团体成员，在所有团体成员沉浸于这种震撼的"感觉"中时，皮尔斯才不慌不忙地开始了他的格式塔心理咨询讲授。

格式塔心理咨询与人本主义

早期的格式塔心理咨询强调以人为本，非常注重尊重的态度：尊重来访者的人性，尊重来访者的经验，以及尊重心理咨询中咨访双方的对话。格式塔心理咨询相信人类自身的潜力，相信人类会为自己的行为做出决策并对之负责，相信人天生具有完成未完成形式的倾向，重视人类各方面属性的价值，尤其关注个体处于环境中的整体性，认为人和环境是形成互动关系的整体。格式塔心理咨询更关心完整的个体存在，以及所有发生在此时此地的生理、心理过程的整合，包括情绪和感觉过程的整合，强调自我负责、自我觉察，帮助个体接纳自己，重新整合被否认的部分。格式塔心理咨询就是让与咨询情景相关的"未完成事件"浮现，并在此时此地解决它们，重新建立个体天生的整体和谐。

格式塔心理咨询的整合性

格式塔心理咨询既是体验式心理咨询的先锋，也是整合心理咨询最初的原形。格式塔心理咨询的多元化和融合性使其在心理咨询史上具有广泛而深远的影响。从现代心理咨询发展的创新角度来看，目前很多心理学流派和心理咨询方法都在趋于整合。这也是近年来在世界各地举行的国际心理咨询大会上呈现出的新趋势。当今心理咨询的发展有四种新取向：一是循证心理咨询取向，二是整合心理咨询取向，三是文化心理咨询取向，四是短程心理咨询取向。所以，整合是心理咨询发展的一条必经之路。

格式塔心理咨询的推广运用

格式塔心理咨询理论为理解人们的行为奠定了非常坚实的基础，提供了宝贵的工具。近百年来，遍布全球的格式塔取向的心理咨询师也一直在积极地将格式塔心理咨询与格式塔心理学进行更深入的澄清、完善、实践与整合，并且促进格式塔理论体系日臻完整。同时，在格式塔取向的心理咨询师富有觉察力和创造力的即兴运用中，格式塔心理咨询变成了一种促进参与者成长与进步的优雅艺术！

为促进来访者的自我觉察，格式塔取向的心理咨询师会创造性地使用各种格式塔心理咨询技术，如空椅子、平衡化、放大及悬搁等，但心理咨询中最重要的并非技术本身，而是心理咨询师和来访者之间通过真实接触而建立的关系。格式塔心理咨询不刻意强调心理咨询师刻板地保持"中立态度"，甚至鼓励心理咨询师适当地自我暴露，在过程中坦陈自己的感受，让来访者感觉自己面对的是一个真实、温暖、开放、抱持和平等的人。这是基于早期格式塔心理咨询尊重人性的观点及注重关系中的对话而产生的。来访者的问题大都是在关系中产生的，也会在关系中疗愈。好的关系（即心理咨询师创设的咨访关系）会让人自然而然地产生改变，从而有创造性地生活。

格式塔心理咨询诞生于 20 世纪 50 年代，虽然只有一段短暂的历史，但它已经枝繁叶茂，宛如一棵参天大树，在现代心理咨询中具有非常重要的地位。从目前心理咨询发展的趋势来看，格式塔心理咨询必将承担起一个非常重要的任务。在我国，格式塔心理咨询依然在蓬勃发展，特别是在国家试行社会心理服务体系建设以来，格式塔心理咨询已经广泛地承担起社会心理服务体系建设的一些内容。法国格式塔心理咨询研究院的院长金格（Ginger）曾经在 20 世纪 80 年代运用格式塔技术对社区人员、社区矫正方面做出了非常卓越的贡献。本书作者近几年带领团队也做了很多尝试，如格式塔心理咨询在信访工作人员、HIV 感染人员及服刑人员等特殊人群中的应用。格式塔心理咨询培训目前已经在全国 40 多个城市开展，格式塔心理咨询的培训基地已经有近万人参与，有 3 000 多人完成了格式塔心理咨询的课程内容。所以，在我国如此重视心理健康，重视社会心理服务体系发展的今天，希望每一位学习者都能够从格式塔心理咨询中受益。

格式塔心理咨询关注一个人从"是谁"到"成为谁"的过程。所以，就在此时此刻；你又成了一副新的模样，你注意到了吗？因此，在阅读本书的过程中，也希望大家能够不断地与自我建立联结，体验当下的感受，不断提升对自我、他人和情境的觉察力；在完形之旅的整个过程中体验、发现自己，感受自己每一个瞬间的变化。在后续的学习与生活中，希望大家不仅对格式塔心理咨询有所了解，掌握格式塔心理咨询的技巧，而且能将格式塔心理咨询中蕴含的理念转化为自己日常生活和工作中的一种生活习惯——用格式塔心理咨询的理念觉察自己，觉察他人，觉察世界，和外界进行真实的接触，从而让自己自然而然地发生改变。当一个人成为一个更立体、更完整、更丰富、更真实的人时，他也会更好地享受与这个真实世界的接触，更好地服务于自己、他人和这个世界。

思考

1. 格式塔心理咨询是整合取向的先锋，何种背景及原因促使它踏上了整合取向的发展道路？

2. 一个新流派的诞生往往是以一种"叛逆"的方式突破原有流派的局限性。与精神分析比较，格式塔疗法在这一部分所展现出的突破性都有哪些？

参考文献

［1］ROUBAL J，FRANCESETTI G，GECELE M. Aesthetic diagnosis in gestalt therapy ［J］. Behavioral Sciences，2017，7（4）：70.

［2］BAR T. Defensive publications in an R&D race ［J］. Journal of Economics Management Strategy，2006，15（1）：229-254.

［3］SINAY S. Gestalt for beginners ［M］. New York：Writers and Readers

Publishing，1998.

［4］宋旻烨，申荷永. 格式塔与格式塔疗法［J］. 心理世界，2001（09）：60.

［5］HILTON J. Greater than the sum of its parts：what does it mean to be human［J］. Gestalt Journal of Australia and New Zealand，2016，13（1）：47.

［6］YONTEF G M. Gestalt therapy：its inheritance from gestalt psychology［J］. Clinical Psychology，1981：28.

［7］ARNHEIM R. The gestalt theory of expression［J］. Psychological Review，1949，56（3）：156-171.

［8］MARK B S，RAY D C，BRAD-AMOON P. Humanistic counseling process，outcomes and research［J］. Journal of Humanistic Counseling，2014：218-239.

［9］FRANCESETTI G，GECELE M，ROUBAL J，et al. Gestalt therapy in clinical practice［J］. Psychopathology to the Aesthetics of Contact，2013.

第 2 章
现象学方法

格式塔心理咨询中的现象学

现象学是格式塔心理咨询的理论基石之一，它最早源于奥地利哲学家埃德蒙德·胡塞尔（Edmund Husserl）对存在本质的探索，之后又被存在主义哲学家马丁·海德格尔（Martin Heidegger）和梅洛·庞蒂（Merleau Ponty）等人发展完善。皮尔斯认为，格式塔心理咨询是唯一纯粹以现象学原理为基础的咨询方法。

作为心理咨询师，如何帮助来访者体验当下的现象并让来访者表露最真实的自己呢？记得在一次国际格式塔心理咨询大会上，一位心理学者曾经提出这样的问题：谁能告诉我心理咨询最重要的目的是什么？在助人自助的同时，最根本的一个问题是什么？对这些问题，格式塔心理咨询可以给出非常好的答案，那就是帮助每一位来访者探索自己最真实的部分，回归自己最真实的部分。回归自己真实的部分便源于现象学。那么，怎样回归最真实的部分，让来访者体验到自己是一个真实存在的人呢？

格式塔心理咨询主张运用集中意识和现象学实验完成觉察。格式塔取向的心理咨询师关注的不仅是来访者的个人觉察，还有觉察过程本身，以及来访者如何觉察到自己的意识。格式塔心理咨询尤其关注心理咨询师与来访者如何体验他们之间的关系。

现象学方法有很多临床功能。首先，现象学意味着心理咨询师应尽可能地关注来访者此时此刻的体验，帮助来访者探索和觉察自己是如何感知世界的，而非对来访者的行为做出解释。对容易引发自我愧疚感的来访者而言，当他第一次体验到被他人非评判性地倾听时，这本身就具有深刻的意义。其次，现象学方法可以促使和帮助来访者提高对躯体的觉察力，并对多种可能性保持开放的态度。当来访者开始用现象学的方法探索自己时，他便开始了解"我是谁"，以及"我是如何成为我自己的"。与此同时，现象学方法更是一种态度，需要心理咨询师时刻对来访者保持开放的态度和纯粹的好奇心，促使来访者增强对自我体验、自我觉察和自我探索的好奇心。格式塔心理咨询中的现象学应用包括悬搁、好奇心、描述和同等化。

悬搁

悬搁是指心理咨询师应尽可能地把自己的信念、预设和判断暂时搁置一边，且对来访者抱以"仿若初识"的态度，以一种开放的态度面对此时此刻的来访者。很多时候，人们都是带着自己过往的经验和经历跟他人互动的，当人们固着在自己过去的经验和经历时，可能就没办法更好地与他人相处，更无法与他人在心灵深处相遇。

例如，有位来访者告诉心理咨询师，她和先生已经离异好多年了，所以孩子成长于单亲家庭，今年 16 岁，天天不回家，心理问题很严重，也不能上学。心理咨询师可能基于自己的判断联想到单亲家庭的孩子缺少爱，青春期叛逆……这些都是判断、预设。有时候，来访者会在咨询前通过微信、邮件和电话等形式向心理咨询师诉说很多信息，格式塔取向的心理咨询师会将这些信息暂时悬搁，在真正见到来访者时，再一起对它们进行探索。因为格式塔心理咨询认为，只有在心理咨询师和来访者一起相处的当下觉察到的才是真实的，来访者才是将自己真实地呈现在心理咨询师面前。之前的信息里有很大一部分信息是来访者在那时那刻的投射。现象学探索的首要任务是，努力识别和确认心理咨询师自己不可避免地被带入咨访关系中的判断和态度。

心理咨询师如何做到悬搁？这里提供一个极易操作的训练方法：扎根练习。人类在进化过程中会形成一种基本的预判能力，以应对外在风险。当风险（问题）向人们袭来时，人们在主观上很容易自动化地做出判断。而扎根练习要求心理咨询师在会见来访者之前先清空自己大脑中存在的自动化思维信息，以一种开放的状态迎接来访者。现在邀请正在阅读本书的你跟着文字一起做下面这个练习。每位格式塔取向的心理咨询师需要提醒自己，我们的身体和心理、内在和外在都是统一而整合的，这有助于心理咨询师清空大脑，专注于当下，从而更好地接纳来访者。

练习：把双脚放平，感觉到双脚在地上牢牢地扎根。此时此刻，身体跟椅子紧紧地连在一起，你能够体验到这种接触。这时，你可以关注呼吸：闭上双眼，双手放松，感觉自己跟大地、椅子深深地连接。然后开始放松身体，微微闭上双眼，开始深呼吸。在这个过程中，你可以慢慢地吸气，直到不能再吸气的时候停止。然后慢慢地呼气，放松身体，放松肩膀。你依然可以感觉双脚牢牢地跟大地连在一起，感觉这种坚实的支持，感觉身体跟大地的连接，还有这种真实的存在感……

心理咨询师做扎根练习，实际上是让自己的大脑达到一种放空的状态。格式塔心理咨询也会把它叫作无为的虚空。换言之，心理咨询师大脑中什么预设都没有的状态是心理咨询师面对来访者时最好的状态。把自己的大脑清空，什么都不了解，心理咨询师就能够更好地接纳来访者。同样，心理咨询师对来访者使用悬搁技术，可以帮助来访者慢慢地、一点一点地清空他的大脑，这样来访者就可以接纳更多的信息和话题。

但这并不意味着心理咨询师直接告诉来访者要接纳、要放下。在早些年，美国 APA 曾评选出来访者最不喜欢听的语言，其中便包括"你要接纳你的现在""你需要放下"等。如果来访者既能够接纳又能够放下，他为什么还要找心理咨询师呢？通常，当人们的身体、内心满载过去的情绪、经历、信息、固化的思维和信念时，就没有剩余的空间承载其他信息。因此，来访者出现的问题恰恰就是无法接纳、无法放下。格式塔心理咨询就是帮助来访者体验、觉察，是什么让自己无法接纳、无法放下。

在有些案例中，来访者说话的声音高亢、语速非常快，而且非常急促，呈现出明显的焦虑情绪。以下用简短的咨询片段予以示范。

心理咨询师：我发现你说话的速度特别快，而且语调是上扬的，你能不能和我说说，此时此刻你的感受是什么？

来访者：我非常着急呀，我特别想提高我孩子的学习成绩（做了一个抓提的手势）。

心理咨询师：你做了一个抓提的手势，这个手势意味着什么呢？

来访者：是的，不错，这是一个爪型。

此时，来访者的身体是前倾的，动作是僵硬的，他的整个臀部只坐了椅子1/3 的位置，脚尖是翘起的。

心理咨询师：我看到你的身体是前倾的，你可以把身体往后坐一坐，双脚放平，放松，调整你的呼吸，慢慢吸气，吸到不能吸入为止，然后再慢慢呼气……

通过这样的实验设置，一次、两次、三次……

心理咨询师：你愿意告诉我，此时此刻你遇到了怎样的困扰，或者说现在你的感觉怎么样？

来访者：现在我感觉我的心好像一下踏实了……

此时，来访者的手部动作发生了变化，从最初抓的状态，到了一个提升的状态。而且，来访者的身体慢慢舒展开来。

这就是心理咨询师通过悬搁中的练习方法，让来访者意识并觉察到自己的变化。心理咨询师在此时此刻会告诉来访者："我发现你刚刚说话的时候用了抓这个动作，在你此时此刻表达的时候，做了提升这个动作。你愿意告诉我，这两个动作有什么不同吗？你有没有发现自己的变化呢？"心理咨询师通过悬搁中的扎根练习让来访者觉察自己的内心、身体的感觉和感受都发生了变化。所以，清场悬搁或无为的虚空是每个人都需要训练、觉察的部分。这样，人们就可以更好地与他人相处，就像一块未吸水的海绵可以更好地吸收水分一样。这时，来访者再出现在心理咨询师面前时，心理咨询师允许来访者呈现任何状态、任何模样，这样就能够更好地保持与来访者同在，给予来访者充分的支持。

好奇心

强烈的好奇心是心理咨询师探索来访者面临的状况和理解来访者的基本要素，它会促使心理咨询师更好地理解来访者，并可以提出更多恰当的问题。提问必须遵循的重要原则是确信这些问题与现象学探索有关，而不是"就事论事"地盘问。好奇心不仅可以影响心理咨询师跟来访者之间的关系，也可以更好地、创造性地调整和来访者的互动。同样，好奇心也可以帮助心理咨询师开展一些创造性的实验，让来访者产生对当下的体验和觉察。在这个过程中，来访者和心理咨询师渐渐地形成一种同频的状态，当来访者感到心理咨询师不断地跟随自己、陪伴自己和接收自己的信息时，来访者也会不断地受到影响，从而其内在感受和身体感觉会发生改变，最终心理状况也会发生改变。示例如下。

一位头发散乱、不断叹气的女性来访者，在心理咨询室里抱怨着……

来访者：我又感觉自己不够好了，我又觉得生活没有意义了，我又回到了以前……（说完，她抬起头看着心理咨询师）

心理咨询师：（面带微笑）你不断地说，"又"觉得，"又"回到，"又"……当你重复"又"的时候，你是什么感受？

　　来访者：（迫不及待地）觉得……我怎么会这样？

　　心理咨询师：觉得自己怎样不是感受，当说"我又……"时，你内心的感受是什么？

　　来访者：（急切地）我有些不甘心，有些着急。

　　心理咨询师：不甘心、着急。试着待在这种状态里，体会一下你身体的感觉。

　　来访者：（下意识地闭上双眼）我感受到我的呼吸有些快，脸有些热，身体有些力量。（她忽然睁开双眼，疑惑地看着心理咨询师）我怎么会有力量？

　　心理咨询师：此时此刻，你感觉到你的身体有些力量……

　　在咨询中，心理咨询师经常急于弄清楚来访者身心状态变化的原因，却忽略了"变化"存在的意义。心理咨询师不需要急于解释、分析、建议，只是允许、发现、陪伴、存在即可。这种扎根当下的现象学探索是格式塔取向的心理咨询师非常重要的基本功。

描述

　　描述包括对直接而明显的迹象保持敏感并描述观察到的客观现象。描述要求心理咨询师尽可能客观地表达自己在当下咨询场中的所观（来访者所呈现的信息）、所感（自己内心的感觉、感受）。正如庞蒂所表述的那样：回到事物本身去描述它们，努力做到精确地描述那些通常不会被描述的事物，以及有时候被认为无法描述的事物。

　　心理咨询师描述性的表达举例如下。

- 我看到……（例如，你双手紧握，眼圈发红。）
- 我听到……（例如，你说话的速度很快。）
- 我发现……（例如，你今天迟到了 10 分钟。）
- 我注意到……（例如，你现在呼吸有些急促。）

- 当你在说……时，我感到……（例如，我的胃一阵阵地疼。）

这些都是心理咨询师在此时此地的所观、所感。在描述的过程中，心理咨询师遵循不预设、不分析、不解释、不评判、不建议的"五不原则"。这样的描述在帮助来访者接触自己的体验、揭示其隐藏的感觉方面具有奇妙的功效。

有位来访者见到心理咨询师时带有很强烈的情绪，他双手交叉，跷着二郎腿，告诉心理咨询师他不想来，妈妈非让他来，他感觉自己被欺骗了。心理咨询师坚持现象学的描述，把自己看到的真实地反馈给来访者。示例如下。

心理咨询师：你看起来有些情绪，说到妈妈的时候声调很高，你跷着二郎腿。

来访者：她从来不尊重我，也不理解我。

心理咨询师：看起来，你很渴望被尊重、被理解。

来访者：是的，但是没用的，她不会理解我，没有人理解我，我就是这样的人，这样的命。

心理咨询师：这样的人，这样的命，你这样的表达让我有些心疼。

来访者：没人心疼我，活着真没意思，我真的……

心理咨询师：看起来，你很伤心，也很难过。我仿佛看到一个无力的孩子在沙漠里负重前行，他很累，也很无力，没有方向，他渴望有人帮助他，支持他，他很孤独。

来访者：你知道吗，我……（孩子般地一边哭一边开始讲述自己的故事）

上述案例很典型。通常，来访者不会首先关注到自己的问题，而是将问题指向外部，产生偏转、向外投射、解离、合理化等抗拒模式。当来访者说"妈妈在家什么都管我"时，心理咨询师注意到他右手握着拳头，放在大腿上并做出轻微敲击的动作。同时，来访者面部似乎呈现出了愤怒的表情。此时此刻，来访者呈现的信息包括三个方面：语言内容及语音语调、右手握拳放在大腿上轻微敲击的动作、脸上显现出的愤怒表情。

在这个过程中，心理咨询师并没有将注意力只放在来访者的语言内容和语音语调上，而是关注到来访者呈现出的更全面的信息。这时，心理咨询师就可以采用悬搁的态度，用描述的方式，同等化地将所观、所感的内容一一呈现给来访者。当来访者接收到心理咨询师反馈的信息时，他也可以将原来自己并没有意识到的信息从整体上加以体验。来访者可能原本并没有意识到自己的表情和动作，只是对妈妈什么都管自己感到厌烦，却没有体会到自己对妈妈还有愤怒。

同等化

格式塔心理咨询就是遵循现象学的原则，在不预设、不分析、不解释、不评判、不建议的情景下，通过同等化和描述的方式化解来访者的抗拒，让来访者卸下防御。

悬搁、描述和同等化这三项技术相互关联，帮助心理咨询师将先前的假设和经验放在一边，聚焦于当下直接的体验上：悬搁；描述直接、具体的现象，而非给予诠释和解释；将场中呈现的所有现象平等看待，并视为同样重要的，而非假设其重要性存在等级差别。

现象学探索方法的精髓和五不原则

在现象学的视角下，格式塔心理咨询的精髓包含四个方面：第一，心理咨询师需要看见（seeing），即全然地信赖与尊重对方此时此刻所呈现的状态；第二，体验（feeling），是心理咨询师要帮助来访者和自身不断地觉察内心真实流动的感受；第三，行动（doing），心理咨询师可以做些什么为自己负责，做些什么尝试可以让来访者为自己负责；第四，存在（being），是心理咨询师和来访者在当下真实地相遇，和来访者一起面对一些困难，探索未知。

格式塔心理咨询的核心部分是通过实验的方法使来访者的潜意识得以意识化，这个过程就是把来访者不能够自觉觉察的部分越来越多地纳入可以觉察的范围内。在心理咨询的过程中，特别是跟来访者相处的过程中，心理咨询师通过现象学的探索，帮助来访者将心物场慢慢地、自然本真地呈现出来，而这就要心理咨询师遵循不预设、不分析、不解释、不评判、不建议的原则。

不预设原则。就像人们做数学题一样，预设（假设条件）是什么，就要证明它是什么。同样，如果心理咨询师对来访者做出很多预设，就会试图验证它们。例如，在心理咨询中，来访者坐在心理咨询师的面前，叹了口气后，双臂交叉在胸前，传统的心理咨询师可能会对来访者说："我看到了你的防御，你现在是不是对我说的话不能接受？你是不是在抗拒我的讲话？"而格式塔取向的心理咨询师通常会对来访者说："此时此刻，我看到你的双臂交叉在一起，而且还轻轻地叹了口气，我很好奇，此时此刻你身体的感觉和内在的感受是什么？"格式塔取向的心理咨询师通过更多的描述和反馈，帮助来访者通过个人当下的体验产生觉察，有所领悟。

不分析原则、不解释原则。心理咨询师不分析来访者，也不对来访者的症状做过多的解释。例如，一位女性来访者跟心理咨询师说，她现在遇到一个非常大的困难，就是不能接触男性，每当她与男性接触时，她的身体就会发抖。这时，心理咨询师可能会更多地收集来访者的信息，如原生家庭成长的经历等，最后可能给来访者一系列解释，诸如你小时候可能受过什么样的创伤，早年的时候，父母和你的关系是怎么样的，你人生的经历中有什么样的男性给你造成了影响等。心理咨询师如果在咨询的初期就做分析、给解释，反而会让来访者没办法更好地敞开心扉。格式塔取向的心理咨询师既不会分析来访者的一些问题，也不会对来访者的问题给出解释。心理咨询师不要试图证明自己比来访者更权威、更聪明、更智慧，心理咨询师在更多时候只是一种陪伴的角色。

不评判原则。格式塔取向的心理咨询师不会对来访者说你做得很好，或者你做得不好。很多来访者的症状、心理问题总会出现反复的状态。例如，来访者说："这周我好像又回到了从前，我好像又回到了那个我自己感觉陷入深渊的状态里。"这时，有些心理咨询师可能会对来访者说："你怎么又会成这样了呢，你上周还好好的，这周又成这样，我好难过，你看看是什么原因，这周你发生了什么事情啊。"在这个过程中，心理咨询师更多地做了一些比较，认为来访者这周不该回到过去的状况。心理咨询师在内心里已经对来访者做出评判了，认为来访者这样是不好的。每位来访者来到心理咨询室的时候，都是一种真实的存在，没有好与不好，关键是心理咨询师是否允许来访者成为一个真实的人。很多时候，心理咨询师如果做到这种允许，就会更容易与来访者建立起关系，产生互动。因为在这个过程中，心理咨询师会发现，来访者在表达自己的问题比上周又有了一些退化时，其实他自己也承受着很大的压力。如果这时心理咨询师不能接纳来访者的这一部分，可能就会影响来访者后面是否会对心理咨询师有更多的表达。来访者的成长和变化往往都是螺旋式的。来访者经历过一次心理咨询，后面可能会稍微有些倒退，但是在整体过程中呈成长的趋势。所以，心理咨询师要帮助来访者看到自己的螺旋式成长，接纳来访者变化的同时允许来访者倒退。

不建议原则。格式塔取向的心理咨询师不会给来访者一些选择性的建议。这里不建议的核心所遵循的原则是希望来访者自己为自己负起应有的责任，很多来访者会把自己的责任丢给心理咨询师。来访者经常会对心理咨询师说："我现在遇到了很大的困扰，我特别希望你能够帮助我。""我现在要离婚了，你能不能告诉我，到底是离婚还是不离婚呢？""我的孩子不上学，我现在做了很多工作，你有什么建议吗？""你觉得我可以做些什么呢？"……当心理咨询师不断地为来访者负责时，来访者对心理咨询师的依赖程度会越来越大，对心理咨询师的移情也会越来越大。而这种依赖、移情的程度，在整个心理咨询的过程中，对来访者的成长和发展是没有任何帮助的。所以，心理咨询师不会给出建议，而是会帮助来访者进行自我觉察，为自己负责任。如果来访者对心理咨询师说："能不能给我点建议啊，我感觉自己现在很无力"。这时，心理咨询师可以告诉来访者："我能够看到你非常着急，你特别渴望得到我的帮助，其实我也看到了你的成长和发展，此时此刻你是否愿意和我一起交流，或者我们共同探讨一下，你有哪些资源呢？你愿意使用这些资源解决自己的问题吗？或者说，你可以为自己负起怎样的责任呢？"这就是现象学的不建议原则。

此时此刻

现象学除了悬搁、好奇心、描述、同等化技术和五不原则外，还有一个非常重要的部分，就是自始至终在咨访关系里让来访者待在自己的此时此刻里，待在心理咨询师和来访者互动的此时此刻里。这一点是非常重要的，是格式塔取向心理咨询师的基本功。很多时候，格式塔取向的心理咨询师在这个过程中无法和来访者待在此时此刻里。举个例子，很多人都坐过海盗船，当我们坐海盗船时，是怎样的感受呢？启动后，海盗船会来回荡起来，当海盗船荡到制高点时，很多人会尖叫起来。当海盗船荡到最下面时，我们就会放松下来。这就好像是过去、现在和未来。我们在最当下的时刻，实际上就如同海盗船在最下面的时候，这是我们感到最稳妥的时候。心理咨询中经常会听到来访者表达：最近特别烦，爸爸总是说我，爸爸是一个商人，没有文化……来访者此时就好像端着一挺机关枪在扫射，他的语音、语调都是上扬的，而且语速极快，停不下来，心理咨询师甚至无法打断他。在来访者说完爸爸以后，可能会马上转向说另一个人。我们发现，这类来访者会经常性地把注意力指向他人，而不能关注自己。这时，实际上是来访者发生了偏转，无法待在自己的此时此刻里。所以，这时心理咨询师就要运用一些现象学的方法和技术，把来访者拉回到自己的此时此刻里。

现象学影响了很多现代心理咨询流派，而植根最深的是格式塔心理咨询。因为它让格式塔取向的心理咨询师不预设、不分析、不解释、不评判、不建议。通过对过去经验和经历的悬搁，扎根在此时此刻里，放空大脑，处于一种无为的虚空状态中，对来访者保持好奇心，不断地通过描述、同等化等技术让来访者回归自己最真实的部分，让冰山下不能被自我觉察的部分慢慢地浮现出来，这就是现象学。

思考

1. 与日常生活中我们所理解的描述相比，现象学探索方法中强调的描述有何不同?

2. 如果将"悬搁"这一理念运用于我们的日常生活中,那会对我们的日常生活带来哪些积极的改变?又会有哪些不适应之处?

参考文献

[1] HEIDEGGER M. Phenomenological interpretation of kant's critique of pure reason [M]. Indiana: Indiana University Press, 1997.

[2] MERLEAU-PONTY. Phenomenology of perception [M]. London: Routledge, 1982.

[3] CLARKSON P, MACKEWN J. Fritz perls [M]. London: Sage Publications, 1993.

[4] YONTEF G. Gestalt therapy: clinical phenomenology [M]. Modern Therapies, Englewood Cliffs. New Jersey: Prentice Hall, 1976.

[5] PHIL J, CHARLOTTE S. Skills in gestalt counselling and psychotherapy [M]. London: Sage Publications, 2010.

第 3 章
我 - 你关系

我 - 你关系的重要性

现代心理咨询中，无论存在 - 人本主义心理咨询，还是后现代心理咨询，都非常注重咨询过程中"我 - 你关系"的建构，这一概念源于哲学家马丁·布伯（Martin Buber）。"我 - 你关系"在格式塔心理咨询中可以描述为：在面对来访者时，心理咨询师将来访者视为一个完整的个体去体会，全身心地理解和接纳来访者，并对来访者真诚相待。这种全然处于当下时刻的、投入的"我 - 你关系"，本身就具有疗愈性。

正如布伯在《我与你》中论述的那样：当我与你相遇时，我不再是经验物、利用物的主体，我不是为了满足我的任何需要，哪怕是最高尚的需要（如所谓爱的需要）而与其建立"关系"。因为"你"便是世界，便是生命，便是神明。"你"即是世界，其外无物存在。"你"无须仰仗他物，无须有恃于他物，"你"即是绝对存在者。我不可拿"你"与其他存在者相比较，我不可冷静地分析"你"、认识"你"，因为这一切都意味着我把"你"置身于偶然性的操纵之下。

在咨访关系里，大家会看到"我 - 你关系"。那么，怎么理解"我 - 你关系"呢？有一句非常简单的话，那就是我把你看成你。很多时候，来访者来到心理咨询室里向心理咨询师表达：我是这样的，我是那样的，我现在遇到了很大的困难和问题，我现在身心疲惫，我现在每天晚上睡不着觉，我现在手有些抖，我……我希望你能够帮助我治好，让我成为一个健康的人。其实这是传统的医学模式，把来访者视为一个有问题的人，但是格式塔心理咨询借鉴了存在主义取向和关系取向的态度，允许来访者目前这种症状和问题的存在，并帮助来访者探讨这种症状和问题的存在对于自己的意义。

我 - 你关系的工作

一位年龄较小的来访者走进心理咨询室后一会儿动动这个，一会儿动动那个。来访者的母亲告诉心理咨询师这孩子有点多动，从小就爱动动这个动动那个，翻翻这个翻翻那个。当心理咨询师看到这位来访者时，自然地就坐到了地板上（心理咨询师在跟青少年工作的时候，目光应该是水平的。特别是对一些低自尊的青少年。例如，对抑郁情绪较重的青少年开展工作时，心理咨询师通常会坐在相对矮一些的椅子上。对年龄更小的来访者开展工作时，心理咨询师也会坐在地上）。来访者的母亲看到后着急地说："哎呀，不要动了，快点到老师的跟前跟老师说说话，我们好不容易才约到老师，你要珍惜这个机会。"这时，来访者很不情愿地走到心理咨询师身旁，低下了头。心理咨询师邀请来访者的母亲出去，于是有了下面的对话。

心理咨询师：孩子，你刚刚在玩什么，现在你就可以玩什么。你可以做任何事情，不着急，你现在想做什么就做什么。

来访者：（似乎有些惊讶，也有一些不太相信，目不转睛地看着心理咨询师）你靠谱吗？

心理咨询师：我允许你做任何事情，我非常靠谱。

这时，来访者开始动动这个动动那个，他忽然发现自己的行为不受约束了。过了一会儿后，来访者回到了心理咨询师的面前。

来访者：没有意思。

心理咨询师：我怎么理解你说的没有意思呢？

来访者：我忽然感觉周围很安静，也没有人说我不该动这个不该动那个了，所以没有意思。

在心理咨询师允许来访者的行为后，来访者的行为症状反而降低了。格式塔心理咨询创始人之一保罗·古德曼（Paul Goodman）教授曾说过：我不是把患者治愈，让其成为健康人，而是要把这些遇到心理困难的人视为普通人。他们带着自己的症状和问题生活，而这些症状和问题在生活过程中，通过个体创造性的调整，症状就消失了，问题就被解决了。

此时此刻正在学习的心理咨询师，当来访者来到心理咨询室时，你能够在多大程度上做到允许来访者的行为呢？你是否允许来访者发出奇怪的声音？你是否允许来访者一会儿动动这个，一会儿动动那个？你是否允许来访者对你有不敬的表达？你是否允许来访者一会儿叹气，一会儿摇头？你是否会做到允许呢？心理咨询师的允许更多地体现了一种平等的态度，体现了一种诚实开放的状态。所以，在"我 - 你关系"中，心理咨询师首先要做到的是允许，我把你看成你，才能够真正地理解这种存在。

格式塔心理咨询对这种真诚的、全然处于当下的"我 - 你关系"的应用贯穿在整个咨询过程中。在心理咨询过程中，不单是来访者要真实，心理咨询师同样需要有本真的呈现。格式塔心理咨询认为，心理咨询师应当真诚地存在于咨询过程中，而不是以绝对中立的角色或带着心理咨询师的权威面具面对来访者，应当与来访者真诚地表达自己，真实地呈现自己。"我 - 你关系"状态下的对话是关注的、温暖的、接纳的和自我负责的，而不是通过评判、分析、建议掌控来访者。格式塔取向的心理咨询师通过参与对话，将来访者体验为一个单独的个体，建立让来访者展示真实自我的关系，创造让来访者展示真实自我的空间，实现咨访双方分享现象学视角下的自我觉察。

格式塔取向的心理咨询师更多地关注"是什么"或"怎么样"，而非"为什么"。格式塔取向的心理咨询师与来访者一起描述语言、行为、情绪和感受，帮助来访者澄清自己的问题，进而不断地达到自我觉察，整合自身所缺失的部分，以达到心物场的平衡，并帮助来访者在其后的生活中做出更多主动的选择，完成更多创造性的调整。在格式塔心理咨询"我 - 你关系"的状态下，描述性的对话具有怎样的特征呢？让我们通过下面的案例深入体会。

一位 12 岁的男孩被妈妈要求来见心理咨询师。妈妈告诉他，心理咨询师很厉害，很有水平，希望他可以和心理咨询师多聊聊。

眼前的男孩有些瘦弱，背着重重的书包，双臂撑在大腿上，身体紧缩，微微前倾，有点紧张。

心理咨询师：你好！我怎么称呼你？

来访者：都行。

心理咨询师：（试探性地）嗯，那我就叫你李明（化名）？

来访者：嗯，都行。

心理咨询师：李明，你愿意告诉我，你今天来这里想跟我说些什么吗？

来访者：（微笑地看着心理咨询师，身体依然前倾）都行。

心理咨询师：那就随便说说，我们从哪里开始？（心理咨询师继续试图让来访者自主地表达）

来访者：（不加思索地，同时一边看着心理咨询师）都行。

心理咨询师：嗯，我能不能理解为，你对这次谈话并没有太强的目的性，或者说是意愿？

来访者：（脸上的笑容更明显了，仍然看着心理咨询师）都行。

心理咨询师：李明，你的"都行"让我很无奈，我很想了解你，但你的"都行"像一堵墙，这堵墙把我和你隔开了，这让我感到很无力，也很无奈。

来访者：（有些兴奋地）哈哈，妈妈把你吹得这么厉害，这么看来你也不过如此嘛。

心理咨询师：你看上去很高兴，你笑得很开心。

来访者：（抬起头来，跷着二郎腿）我打败你了，我赢了。

心理咨询师：打败我，你赢了。你是不是把我看成了你的对手或敌人？

来访者：嗯，是的。谁让妈妈把你说得这么厉害，我只是想证明你并不如我！

心理咨询师：你现在面对你的手下败将，想说些什么？

来访者：（双眼瞪着心理咨询师）你并不是很厉害，我不希望妈妈这么赞美你。

心理咨询师：当你妈妈赞美我时，你有什么感受？

来访者：我不舒服。

心理咨询师：我很好奇你的不舒服会让你想到些什么？

来访者低着头不说话。

来访者：（过了一会儿抬起头，看着心理咨询师）我输了，你好像还是让我心里想到了些什么，但我不能说。

心理咨询师：（索性坐在地上，看着来访者）你向我表达你输了，而且还向我坦白你真实的想法，这让我很感动。看起来你正在重新面对你自己，现在让我们开始真正的咨询，好吗？

来访者：（重重地点了点头）嗯。

通过上述案例，我们可以看到"我-你关系"状态下的对话所具备的一些直观性体验。在上述案例中，心理咨询师先看到人，再看到人的变化，继而看到人的问题和症状。这种行为表达了心理咨询师对个体充分尊重和允许的态度，有利于心理咨询师与来访者建立深入和稳定的关系。这在青少年心理咨询中尤为重要，它往往是开启成功咨询的必要前提。但在实际生活中，很多心理咨询师往往先看到人的症状，再看到人的问题，继而看到人的变化，最后才看到人。

在"我 - 你关系"状态下，格式塔心理咨询的对话也是有特点的。为进一步深究"我 - 你关系"状态下对话的特质，我们可以尝试从以下几个方面加以解读。

包容性

首先，对话应具有包容性。包容性是指把一个人尽可能全身心地投入另一个人的经历中，基于一种描述，不加分析、解释或评判，就是基于描述开展对话，同时又保留自己独自分离、自主存在的感觉。很多格式塔取向的心理咨询师也称其为投情。在安全、抱持的场中，心理咨询师通过投情理解来访者的体验，有助于使来访者的自我觉察变得敏锐。

存在性

其次，对话应具有存在性。格式塔心理咨询的对话是基于当下情绪、情感的反馈，所以一定是具有即时性的。格式塔取向的心理咨询师向来访者表达自己当下在场中所观、所感及所思。例如，此时此刻，我看到了什么；现在，我发现了什么；当下，我感受到了什么……当心理咨询师给来访者反馈：在你讲到父亲时，你握起了拳头。心理咨询师看到了来访者的这个变化，于是给来访者一个当下的反馈。而不是说：你好像看起来很讨厌你的父亲，好像看起来对你的父亲有很大的愤怒。所以，格式塔心理咨询中的对话一定有这种即时性，心理咨询师只是告诉来访者"你握起了拳头"。"看起来你对父亲是有愤怒的"是心理咨询师觉得来访者对父亲有愤怒，这只是心理咨询师的观点。在这种心理咨询师观点进入的咨询过程中，咨询偏离了当下，没有即时性和参与性。因此，在心理咨询中，对话的展开一定是在当下的。

格式塔取向的心理咨询师通过现象学方法与来访者分享当下正在流动的信息，帮助来访者获得对关系的信任感并充分体验当下，从而提高来访者的觉察力。通过与心理咨询师的互动，来访者体验到当下时刻自己的存在状态，从而更好地理解自己和认识自己。如果心理咨询师的反馈只是理论的解释，而不是个人当下真实的存在，来访者就无法觉察自己此时此刻的真实感受，无法形成新的经验，仍然习惯性地停留在过去的经验模式中。

接触性

再次，对话应具有接触性。接触并不只是人和人相互之间做什么，接触也可以是人和人之间当下正在发生什么，是在他们的互动中那些自然流动、真实呈现的情绪、感觉、话语。对话的接触是一个顺其自然的过程，在这个过程中，心理咨询师全然投入地与来访者互动。来访者真实地表达自己，他们会在差异处相会、接触。正如布伯所言：凡真实的认识皆是相遇！

灵活性

最后，对话应具有灵活性。灵活性强调的是对话过程中的敏锐性和即时性。对话可能是舞蹈、歌曲、话语、动作、表情或任何可以表达感受及使能量流动起来的形式。在上面心理咨询师与来访者的对话过程中，心理咨询师敏锐地捕捉到了来访者肢体动作的变化，并给予了即时反馈。同时，心理咨询师在来访者表达"我输了……"之后，便坐在地上与他交流。这些都体现了当下互动中心理咨询师即时反应的灵活性。

格式塔心理咨询的创始人皮尔斯曾经作过一首小诗，名叫《我和你》：我是我，你是你。如果我们偶然能够相遇，那是极好的。如果没有，那也没有什么。每个人都尊重各自存在的方式，每个人都尊重各自关系的模式，这样，人们的心理就会越来越健康，关系就会越来越融洽。

思考

文中古德曼教授所说的："我不是把患者治愈成健康的人，而是把这些遇到心理困难的人看作是普通的人。"这对心理咨询从业者有哪些启发？对普通人有哪些启发？

参考文献

［1］BUBER M. I and thou［M］. New York：Free Press，1971. eBookIt. com.

［2］YONTEF G M. Awareness，dialogue & process：essays on gestalt therapy［M］. Highland，N.Y.：The Gestalt Journal Press，1993.

［3］MCONVILLE M. Adolescence：psychotherapy and the emergent self ［M］. U.S.：Gestalt Press，2013.

第 4 章

场

场的理解

在学习心理学的经典行为实验里有这样一个顺口溜：巴甫洛夫的狗，桑代克的猫，科勒的猩猩，斯金纳的白鼠……其中就有科勒从对猩猩开展的实验中得出的顿悟学习理论。在心理咨询中，非常重要的一方面就是让来访者能够达到一定的顿悟。从 CBT 的角度讲，通过辩论，心理咨询师驳斥了来访者的核心信念，来访者的核心信念有了变化后就会获得一种新的领悟。从精神分析的角度讲，来访者的潜意识被意识化了，然后获得了一种新的领悟。从格式塔心理咨询的角度讲，来访者不自觉的部分自觉了，在当下有了一种新的认识和领悟。

现在，请大家想象一下，天花板上吊着一根长长的香蕉，旁边有一只猩猩和一张桌子，猩猩此时十分饥饿。没有桌子的时候，猩猩没有摘到香蕉。因为香蕉吊得太高了。那么它是否会跳上桌子去摘香蕉呢？答案是肯定的，为什么？因为猩猩饥饿的原动力、香蕉的存在、桌子的存在形成了一种闭合的场，也就是闭合的关系。这种内在的场形成后就会让猩猩获得一种顿悟，认为自己可以摘到香蕉。所以，在格式塔心理咨询场理论中，很多时候心理咨询师也需要帮助来访者发现自己的线索，发现自己身边关系之间的这种相关性，帮助来访者把碎片化的场整合起来，拼凑起来，拼合成一个完整的场，最终形成一个完整的自己。

一位中学生来访者找到心理咨询师，说他不想上学了，他喜欢踢足球，为此爸爸和他产生了冲突。大年初二，爸爸因为他不学习，就拿刀把他的足球划破了，然后把足球扔出了窗外。来访者很伤心，也很难过，从此以后不再学习。来访者认为爸爸毁了自己的梦想。

来访者：我真的不想跟你谈什么，如果你和爸爸是一伙儿的，是让我回学校，我此时此刻不想跟你说任何话。

心理咨询师：看起来你对爸爸是有很多的愤怒啊。作为你的心理咨询师，我并不关注你是否去上学，我更多关注的是你的情绪状态和心理状态。（随后**心理咨询师开始自我开放，谈到足球。**）

来访者：你知道我在踢足球的时候是一种什么样的感觉吗？

心理咨询师：我特别好奇，可以和我说说吗？

来访者：我每天要整理整个球队的计划，每天还要排兵布阵，还要想着球队的发展，我既要当教练又要踢前锋，你知道吗？

心理咨询师：哦，你是踢前锋的。

来访者：是的，我是踢前锋的。

心理咨询师：我是研究前锋的。

来访者：（笑了）你研究什么前锋？

心理咨询师：我研究前锋的临门一脚，就是你在踢足球的时候明明是空门，然后你这一脚给踢飞了那个必进之球，结果煮熟的鸭子飞了。

此时来访者的身体动作开始表现得向心理咨询师前倾。

来访者：你知道吗？我就是这种臭脚，经常把球踢飞了，你可以告诉我怎么样才能避免这种现象？

心理咨询师看到咨访关系开始慢慢地建立，但怎么进球不是咨询工作的核

心，心理咨询师开始回到咨询工作的核心。

心理咨询师：我听说你每天晚上都忙到很晚，每天晚上都为球队操劳，还要制订计划，看起来你是一个很为自己负责的人。

来访者：当然，我不仅为自己负责，而且还要为球队负责。

心理咨询师：哦，你还要为球队负责，每天都要做这个做那个，你做了好多，看起来你能够胜任好多工作。

来访者：你知道吗？当别人看到我在球场上的样子时就觉得我在闪闪发光。

心理咨询师：我此时此刻看着你，讲球场上的这些事情时，我也感受到了你的闪闪发光，看起来你是一个非常有力量的人，你是一个领导型的人。

来访者：是的，我是很有力量的人，我是领导型的人，我是一个为自己负责的人。

心理咨询师：我能不能理解为你对你自己的人生也是负责的呢？

来访者：是，那是，我一定是为我自己负责任的。

来访者在球场上为自己负责，心理咨询师慢慢地将这种"负责"放大，来访者对自己的人生负责，那么人生一定包含球场，也包含学业。当来访者在心理咨询师的帮助下对自己有了这样的认识时，来访者的认识就会泛化，心理场就会不断地变大。这时，心理咨询师就可以把来访者在球场上的状态平行地转移到来访者的学业上。其实，在这个过程中，心理咨询师是逐步给来访者赋能的，让来访者的内心充满力量。从这个角度来看，每个人的场、所存在的情境和背景是不同的。上述案例中的来访者也是通过"我是有力量的""为自己负责的"等这几个关键的词语及其对自我的认识，从而产生了一种闭合的场，最终产生了一种新的领悟。

对场的理解还有很多其他的范畴。例如，格式塔心理学代表人物之一考夫卡受到物理学"场"理论思想的影响，提出了"行为场""环境场""物理场""心理场""心物场"等多个概念。理论上，"场"这一概念意味着在已知宇宙中，一切物体、情景及其关系的相互依存。考夫卡、皮埃尔·布迪厄

（Pierre Bourdieu）、科勒等学者对此各有其相关的定义和研究发展。例如，考夫卡提出的"心物场"是从知觉现实与被知觉现实的角度来理解经验世界和物理世界的不同的；科勒则引用了爱因斯坦的定义，即"场是相互依存事实的整体"，侧重强调了人的"心理场"和"行为场"的作用；布迪厄的场自主化概念是指在社会分化过程中，某个场摆脱其他场的限制，而发展出自身固有的本质等。现代场理论正在政治、经济和文化等领域中被广泛应用。

格式塔的场视角结合了自然科学、电磁场、相对论、量子物理学、哲学（存在主义、现象学）和灵性（包括东方的和西方的）。场在格式塔心理咨询中是一个现象学概念。格式塔心理咨询在理解个体及其所处环境的引入了场理论的概念，并且成为格式塔心理咨询的基础。人们将对物理环境的知觉称为心理场，对现实环境的知觉称为物理场。一个人的行为既受到物理场的影响，也受到心理场的影响。

什么是物理场？举例来说，此时此刻心理咨询师正在某间教室里录制课程，心理咨询师所处的环境是一间教室，这就是一个物理场。此时此刻心理咨询师正在说话，而且伴有肢体动作，可能学生在摄像机的那头也有对心理咨询师的回应，也许正在吃东西，也许正在做其他事情，心理咨询师和学生之间的互动就是行为场。在这个过程中，心理咨询师会把摄像机看成学生，学生在聚精会神地望着心理咨询师。心理咨询师会深刻感受到一种存在感，并且会把摄像机想象成活生生的人，会想象自己是在几千人、几万人的大教室里讲格式塔心理咨询，这种想象就是心理咨询师的心理场。

韦特海默曾经讲过一个故事。在茫茫的下雪天里，一位非常英武的勇士骑着高头大马，他也不知道骑了多久，但感觉非常累。然后他看到一间茅草屋，就下马去问茅草屋的主人，这是到哪儿了？茅草屋的主人问了他几个非常有哲学性的命题：你是谁？你从哪里来？你要到哪里去？这位英武的勇士一一回答了这些问题。茅草屋的主人听后说："你好厉害，你已经穿越了康斯坦丁湖。"结果这位勇士立刻被吓死了。后来韦特海默用这个故事来解读什么是物理场，什么是行为场，什么是心理场。

系统论

有人会问，这是不是就是场理论的全部了呢？被誉为社会实验心理学之父的格式塔心理学家库尔特·勒温（Kurt Lewin）把对人知觉特点的研究转到人跟环境场的作用上，用物理学中的场理论描述我们所生活的环境里不同层次的系统运作。本质上，个体从来都不是独立或孤立的（尽管个体会认为自己是独立的）。社会中的个体在现实生活中也都是相互交织、相互联系且相互依赖的。在临床实践中，来访者通常被认为是在特定情形下身心合一的完整个体。

有时来访者会用一种固化的思维状态与心理咨询师互动，此时，格式塔取向的心理咨询师就要在这个场里、在与来访者形成的互动和情境中不断地发现来访者的变化，而且更重要的是帮助来访者看到自己的这种变化。当这种变化出现时，就证明变化是可能的。情境虽然依旧如此，但来访者变化是可能的，这种变化是在心理咨询师与来访者互动过程中发生的。场理论的一个核心问题就是让大家了解到，在不同场情境下，人的情绪和行为是不同的。格式塔取向的心理咨询师需要根据这些不同来帮助来访者提高其觉察力，在与来访者不断互动的过程中发现、探讨来访者新的变化，同时来访者也不断地发现自己的变化和不同。

阅读本书至此，不知道你是否发生变化了呢？此时此刻，你可以觉察一下自己的心跳是怎么样的，呼吸是怎么样的，内心状态是怎么样的，身体动作是怎么样的，这种感觉和感受又会让你想到些什么呢？场理论是非常丰富的，格式塔心理咨询对场理论进行了非常多的收集，一个非常重要的贡献来源于系统论。每个人的成长和发展离不开系统，而格式塔心理咨询发展的方向也开始关注到整体的方向。勒温之后的场理论学者，尤其是格式塔取向的心理咨询师，花费了大量的时间和精力来描述场力和动力学如何影响此时此刻的过程。在这一点上，格式塔心理咨询、家庭咨询的系统理论和社会心理学的多系统干预是一致的。

现在，心理咨询的发展受到系统理论的影响，心理咨询师需要关注来访者的成长轨迹和成长系统，这也是一个大大的场。心理咨询师并不会把来访者视为单独的个体，而是会放眼来访者的成长系统、成长历程。圣彼得堡格式塔心理咨询学院的院长曾经说过这样一句话：当我面对来访者时，倾听他们的成长历程就像在看一场电影、读一部小说一样令人充满好奇。所以，我对每一位来访者的成长系统、成长经历充满好奇。作为心理咨询师，你是否愿意了解来访者的成长系统呢？本书之后将专章介绍一项非常重要的技术，即心理地图，它是由本书作者及其导师共同研发的一项技术，该技术可以让心理咨询师通过系统和场的不同作用精准地定位来访者成长过程中的重大事件，可以帮助心理咨询师更好地收集来访者的人口学资料，也方便心理咨询师更好地开展概念化和评估工作。

时间场、空间场

美国纽约格式塔心理咨询中心的前主任加里（Gary），也是格式塔心理咨询中非常有代表性的人物，提出过"此时""此地""彼时""彼地"这样四个不同纬度的概念，核心就是要表达很多时候人们的时间和空间是不统一的。人们在自我成长和自我发展的过程中，经常会觉得过去的自己影响到当下的自己，过去的场影响现在的场。所以很多时候，心理咨询师需要帮助来访者回到那时那地，才能更好地在此时此地帮助来访者。这是什么意思呢？就是人们此时此地的自己、此时此地场的形成是跟那时那地有关系的。例如，一位来访者小时候受到父母的虐待，等来访者长大以后，他无法形成更好、更新的人际互动。因为来访者小时候受虐待时未能表达被抑制的情绪，所以他害怕与他人建立联结。来访者长大后回看小时候的自己时，意识到自己对父母怀有愤怒情绪，这实际上是因为小时候在那个场的他没有把恐惧和害怕表达出来。因为来访者长大了，且变得有力量了，来访者会觉得自己小时候被压抑的情绪是愤怒，这说明他是在此时此地去看那时那地的自己。

格式塔取向的心理咨询师专注于此时此地的工作。他们不仅对于此时此地，甚至是以往的经验（如身体姿势、习惯和信仰等）都非常敏感。在临床上对场的觉察训练中，我们通常运用的方法是让心理咨询师的注意力一直在流动，保持对各种场的觉察，包括当前的场、心理咨询师自身经验的场、周围环境的场和心理咨询师与来访者之间所形成的场，同时对可能的联结和影响保持开放，觉察有关来访者的关键问题。这个场是一种展望，要用一种整体的方法来体验。

场理论的提出与发展已历经了近两个世纪的探索，从物理学到社会学，再到心理学及更为广泛的学科领域的研究与应用。在心理学未来的发展历程中，它是否能与后现代、地域文化等其他领域有更深入的结合呢？这将有待于我们进一步的探究。

思考

场的影响无处不在，心理咨询师如何通过改变心理咨询室的场，从而帮助来访者更好地参与咨询？

参考文献

［1］O`EILL S M，BECKWITH K，BEGELMAN M C. Local simulations of instabilities in relativistic jets Ⅰ：morphology and energetics of the currentdriven instability［J］. Monthly Notices of the Royal Astronomical Society，2012，422（2）：1436-1452.

［2］SONNE M，TOENNESVANG J. Integrative gestalt practice［M］. Transforming Our Ways of Working with People. Britain：Karnac Books，2015.

［3］WHEELER G. New directions in gestalt theory：psychology and psychotherapy in the age of complexity［J］. Cocreating the Field：Intention and Practice in the Age of Complexity，2009：3-44.

第二篇

概念篇

第 5 章

觉察

觉察的理解与重要性

当你闭上双眼时，你身体的感觉是什么？你内心的感受是什么？你头脑中的想法是什么？这就是格式塔心理咨询的基石——觉察。不论格式塔心理咨询，还是精神分析、认知行为疗法、正念疗法……越来越多的流派开始关注觉察。觉察不仅对有心理问题、精神疾患的人很重要，对生活中的每个人同样如此。提高人们的觉察力，让生活越来越美好，让心理机能越来越健康，是每个人的愿望。那么，什么是觉察？最早在心理咨询领域提出这一概念并将其作为核心理念的，是格式塔心理咨询的创始人皮尔斯。觉察是人们知觉到自己的存在、知觉到自己所处的整个场。觉察是人们此时此刻注意到自己的周围或内部发生了什么事情，知道自我在这一刻的感觉和想法，知道自我与自我、自我与他人、他人与环境如何联结。觉察的能力简称为觉察力，作为一种体验形式，它可以被宽泛地定义为：一个人对自己的存在及这一刻"是什么"有所察觉。一个有觉察力的人知道自己正在做什么，应该怎样做，也知道自己可以自由选择，且知道自己的行为是自己的选择。这是一个人在个体或环境现象场中，带着充满感觉活动的、情绪的、认知的及能量的支持和当下最重要事件做警觉性接触的过程。格式塔心理咨询旨在尽可能全面地提高来访者对特定主题的觉察力，强调来访者对自身体验的自主控制。理解觉察力的方法是将其视为一个连续谱，在连续谱的一端，个体处于睡眠状态，其机体处于静息状态，只维持其各种基本的生命体征，并随时准备对危险做出反应。此时，个体的觉察力水平最低，仅限于机体的自主性反应。连续谱的另一端，个体拥有充分的自我觉察，有时也叫作完的接触或高峰体验。此刻，个体感觉自己充满活力，敏锐地觉察到自己的存在，并体验到自发和自由的感觉。

觉察是心理咨询工作取得疗效的必备条件，拥有良好的觉察力也成为当代心理咨询师专业胜任力的重要体现。觉察是格式塔心理咨询的基础，不论此时此刻对现象学的体验、场理论对关系的强调，还是整体论的把握，都建立在觉察的基础之上。觉察既是咨询的一个目标，也是一种咨询方法。格式塔心理咨询对来访者是否有效果，一个非常重要的评估点就是来访者的觉察力是否得以提高。一位来访者向心理咨询师表达：最近自己对工厂里的员工发了很大的脾气，一看到员工不干活就心烦，觉得他们一无是处。当心理咨询师不断地使用放大技术让来访者表达对员工的不满，反复重复他们一无是处时，来访者内心的感受就升起来了，他感到一种非常强烈的愤怒。而这种愤怒会让来访者想到小时候他的父亲在说自己一无是处。从某种角度来讲，在这个过程中，来访者就产生了一种非常好的觉察。觉察到他对员工的这种愤怒源于小时候他的父亲对自己的不满，所以来访者继承了父亲给予他的这种情绪，又将它投射到了他的员工身上。在这个过程中，如果来访者能看到这部分，他就提高了自己的觉察力。来访者会忽然明白，其实不是员工的问题，而是自己的问题。觉察就像闸门一样，可以很好地阻止一些行为的发生，或者调控有机体的一些情绪。

觉察是每时每刻都会发生的，当人们有了觉察以后，就会达到内外的一致性和平衡性。在一个团体里，一位团体成员向心理咨询师表达："我一看到你笑，我心里就感觉很难受。"他一边这样表达一边笑，而且他的手不断在往外推，然后他低着头笑，但是他所表达的感觉是难受。此时，心理咨询师对他内外表现的不一致性有了觉察，所以心理咨询师邀请他做了一个小实验。让他只把单一的一种情绪状态表达出来。例如，一看到心理咨询师笑就感觉很难受，就想笑。那是难受还是想笑？如果只保留一种情绪状态，这位成员说他保留笑。这时，心理咨询师开始让他笑，但是他完全笑不出来。心理咨询师邀请他待在这个笑不出来、难受的感受里，结果他哭了。他告诉心理咨询师，已经很久没有人这样专注地看着他了，他感觉自己不配承载这个温暖的微笑。大家可以看到，他的内外情绪是不一致的、不统一的。所以，通过觉察，心理咨询师看到了他的这种不一致性，帮助他有了新发现，当他的这种不一致性达到平衡时，就可以不断地做更多的整合。当人们有了新的认识后，就期望自己有更多的一致性。格式塔取向的心理咨询师通过觉察让来访者不断达成内外一致、统一、平衡，然后整合来访者的两极，从而让来访者对自己负起更多的责任，开始有更多的选择。这就是格式塔心理咨询基于觉察理念的一种思考和工作路径。

自我觉察的特点和区域

觉察是每个人都有的吗？很多时候，心理咨询师发现自己的觉察力不够，更会发现来访者的觉察力不够，心理咨询师应该怎么做呢？此时，我们首先要理解的是，觉察是一种流动、连续的过程。皮尔斯对弗洛伊德将潜意识作为被压抑的经验和感觉固着于此的说法不以为然，且用一个流动性的观念取而代之——未觉察与觉察的过程，即觉察是一种对于当下流动的感受的知觉。

心理咨询师和来访者往往只有一线之隔，为什么这样说呢？因为他们有很多相同的地方，如他们都具有高敏感特质。在心理咨询师看来，敏感特质就是高感受性。高感受性的人会对某些简单的刺激做出非常强烈的反应。感受性是觉察力的基础，一个人的感受性和觉察力往往是成正比的。为什么有些人有高感受性，就会变得敏感？为什么有些人有高感受性，但变得越来越健康，而且发展了自己的觉察力？这里有个核心的部分就是，有些人的觉察力是流动的，有些人的觉察力则固着到了某个部分，有些人的觉察力则处于漂浮不定的状态。例如，有抑郁情绪的人习惯于将自己的注意力放在过往的事件上，沉浸在低落的情绪状态里。又如，一段恋爱关系结束后，一方依然留恋于双方在一起的记忆里，不肯面对已分手的事实，直到被现实刺激惊醒后，才被动地陷入失恋的悲伤、挫败、悔恨与自责中……这是一种缺乏流动性的觉察，也称为固着的格式塔。而另一种漂浮不定的状态是指人们很容易被周围的刺激所干扰，总处在一种快速跳跃又很难专注于当下的不完整的觉察状态里。通常，焦虑的人在这方面表现得很明显，他们总是处在紧张的状态里，很难冷静下来。

当人们拥有流动的觉察力时，整个人的感受是可以自由流动、自由觉察的。正如此刻，一位心理咨询师正坐在椅子上撰写文章，感到下巴有些瘙痒，于是用手挠了几下，随后又将注意力转向文章。与此同时，门外正有一辆汽车经过，邻近的房间传来两三个人交谈的声音……他的注意力在关注到这些情境之后，很快又回到撰写文章上。这就是对于觉察的一种自由而又自主的把握，可以很容易地觉察到周遭发生的改变，也能专注于此时此刻需要投入精力的工作。如果此时此刻心理咨询师在撰写文章的过程中，不断地关注周围的一切变化，不断因为周围环境的刺激干扰而中断思绪，那么他的觉察就处在漂浮不定的状态里，这无疑使他难以进入一种深入思考的状态。

每位格式塔取向的心理咨询师都可以帮助自己和他人发展和提高觉察力，这时咨访关系就会越来越融洽，心理咨询的效果也会越来越好。一个心理健康的人，如果其觉察力不断提高，其生活就会更健康，其人际关系也会更融洽。如果有心理问题的人提高了自己的觉察力，其心理问题就会自然而然地解决。皮尔斯将觉察分为三个区域，分别是内部区域觉察、外部区域觉察和中间区域觉察。这三个区域彼此之间相互依赖、相互影响，共同构成整体觉察。

内部区域觉察

内部区域觉察是以皮肤为界，指来访者的内部感知觉。它包括身体感觉，如内脏感觉、肌肉松紧、心跳、呼吸，也包括躯体 - 情感状态，即身体和情感的混合，还包括内隐程序性记忆，如运动记忆、创伤的身体记忆、对刺激的躯体反应等。格式塔心理咨询认为，自我在与环境不断地接触中产生觉察。例如，当一个人简单地挥动手臂时，会感到风很凉，会觉察到身体的感觉和内在的感受。心理咨询师是无法直接体验到来访者的内部感觉的。通常，在心理咨询的过程中，促使来访者提高对内部区域觉察的方法是使来访者的注意力指向自己的身体和感受。如果来访者很难接触到自己的内部区域，可以借助以下练习加以引导。

请全神贯注地关注你的身体，关注坐在椅子上的身体的重量及身体内部的感觉（至少需要一分钟）。对于身体，你还体验到其他什么感觉？（再一分钟）你注意到了怎样的情绪基调或感受？它位于身体的哪个部位？如果你什么也感觉不到或感觉很少，那么在那儿稍作停留，体验"感觉不到"是一种什么状态，逐渐加深，并再次尝试探索，注意你的内部感觉有什么变化，并注意伴随这种变化有什么新的感觉。

外部区域觉察

外部区域是个体对外部环境的接触和觉察。它包括个体所有的动作、语言和行动，以及个体使用的接触功能（视觉、听觉、触觉、味觉、嗅觉、谈话和运动），亦即个体所有感受和接触环境的方式。外部区域的觉察通常是我看到了什么，我听到了什么，我触碰到了什么……就是以感觉为基础的部分。例如，心理咨询师看到门前的一棵树，看到某个人在那里吃东西，看到来访者穿了一件花色的衬衣，看到来访者满头大汗，听到窗外远远传来汽车的轰鸣声，触碰到这张桌子，嗅到花香……这些都是心理咨询师运用视觉、听觉、触觉和嗅觉功能进行的指向外部区域的觉察。在心理咨询的过程中，外部区域觉察也包括对心理咨询师和来访者所有语言、表情和行为等的觉察。

一位高中生来访者谈到学习时候的焦虑：每当拿起书本，他总是会头晕，学一会儿就会心慌，去医院接受检查也未发现临床上的躯体疾病，医生建议他找心理咨询师接受心理疏导。

来访者：我知道学习很重要，我也想成为优秀的人，可是我一学习就头疼，他们都不相信我，都觉得我是装的。（双手抱头，身体蜷缩成团。）

心理咨询师：嗯，当我听到你说你想成为一个优秀的人，你的声音是上扬的，我的后背不自觉地挺了一下，那一刻我也能感觉到一股力量。而当你说你头疼时，你的声音低下来，我心里有些难过。当你说没有人相信你时，你的身体发生了变化，蜷缩成团，我试了一下，这样的姿势让我感觉好委屈、好压抑啊。（心理咨询师学着来访者的动作和语气，将身体蜷缩成团，双手抱头，埋在膝盖里……）

来访者：嗯，他们要是像你这么懂我就好了。（来访者的眼里泛起了泪光。）

心理咨询师：好，我现在邀请你大胆地说"爸爸、妈妈，我希望得到你们的理解。"

将这句话说出来后，来访者的眼泪流了出来，他深深地呼了口气……很多时候，心理咨询师会用"我看到""我听到""我感觉"这些觉察性的反馈来帮助来访者更好地看到自己，卸下防御，为咨访关系的建立、问题的澄清、目标的确立打下基础。

中间区域觉察

中间区域包括个体诠释内部刺激和外部刺激的方式，由思维、情绪、想象、记忆和期望所组成。简而言之，中间区域充当了内部和外部刺激之间斡旋或协调的角色，其主要功能是组织体验，从而在认知和情感上达成某种程度的理解。中间区域的另一个重要功能是预测、计划、想象、创造和决策。中间区域还包含信念和叙事记忆，因而也不可避免地成为心理障碍的主要成因。中间区域包含自我挫败的核心信念、理解环境和自身的定势思维等。例如，一个人听到小鸟鸣叫声时心里非常愉悦，此时此刻他想到生活多么美好，接着又回忆起从前生活中的一些画面。但是当他看到毛茸茸的玩具时，内心却总感到紧张和害怕，他会回忆起曾经被邻居家的狗追着咬的画面。这些回忆起的画面和认知中的一些思维都属于中间区域的觉察。

内部区域的觉察是人们身体的感觉和内在情绪的感受，外部区域的觉察是人们听到的、看到的、触碰到的，而中间区域的觉察是人们想到的过去的事情、各种场景、一些思考。一个心理健康的人的觉察，每天都在不同区域之间来回穿梭，随时可以根据自我和环境的需求完成觉察的转向，其觉察是随时流动的。

三维一体，精微觉察

大量实践发现，很多心理咨询师和来访者在现实生活中很难理解西方心理学提出的觉察的真正含义。近年来，本书作者在推动格式塔心理咨询本土化过程中不断进行创新与融合，提出了"三维一体，精微觉察"技术。"三维"主要指语言、情绪和肢体行为三方面，即通过对一个人语言、情绪和肢体行为三个维度的关注，体现和体验这种统一性和整体性，进而了解一个人真实的样子，让来访者有好的觉察，也可以帮助来访者回归自己的当下，回归自己的此时此刻。每个人在不同阶段的成长经历、内在经验和行为模式都会在其身上留下痕迹。仿如大树的年轮，这些痕迹都在显现一个人成长的内在经验和模式。一个人的语言、情绪和躯体行为中隐藏着这些"痕迹"，所以，心理咨询师通过对这些"痕迹"的捕捉，可以更好地了解来访者内在的真实反应及需求。

"三维一体，精微觉察"技术首先是**对个体语言的关注**。在以谈话疗法为主的时代，语言是最受重视的部分。例如，认知行为疗法关注语言内容中表露的自动化思维，寻找个体语言内容背后的基础逻辑，以打破其思维上的禁锢。精神分析疗法则关注一个人在自由联想的状态下语言表达过程中内在潜意识的浮现。

格式塔心理咨询对语言的关注却不止于此。在整体性的理念下，格式搭心理咨询对语言的认识和理解从语言的内容和表达两个层面进行。在语言的内容层面，它重视内容本身的语法结构和词汇出现的频率。例如，有的来访者说：虽然对我而言这项工作压力挺大的，但是它也能锻炼我；虽然我的伴侣不讲卫生，总是把家里弄得很乱，但是他总会给我制造惊喜……在这样的表达里，来访者很明显地有一种特有的"虽然……但是……"语言模式。这种不断重复出现的语句结构恰恰在表达来访者此刻矛盾的内心状态。在语言的表达层面，需要关注来访者说话的语调、语速及突兀的部分。这些非语言内容的部分真实袒露出表达者内在的情感状态。例如，同样是表达"我挺好的"这句话。一个看起来很焦灼的人说出"我挺好的"与一个情绪低落的人说出"我挺好的"是不一样的。心理咨询师要关注来访者在表达过程中语速、语调和声音强弱上的明显区别。

该技术其次是**对个体情绪的关注**。心理咨询师十分注重对原发情绪和续发情绪的理解，二者是从情绪产生的时间先后来区分的。原发情绪往往是个体面对环境刺激所产生的最初始的、直接性情绪反应，而这种环境刺激被称为原始事件。原发情绪更多是建立在生理基础和本能冲动上的，所以它极容易在社会化的过程中备受压抑，或者在极端中暴发。继发情绪则是在原始事件引发原发情绪后，对于原始事件再度产生的其他情绪体验，这种继发情绪往往带有对原发情绪的压抑。这是因为，当原发情绪在原始事件中无法得到释放时，个体为了能够达到自我的内在协调而衍生出了继发情绪。

一位男性来访者童年时曾遭受家暴。因为始终记得小时候有一次在餐桌上被父亲无端殴打，他在成年后对周遭的人际关系总有一种惊恐式的应激反应，这使他异常痛苦。每次叙说这段经历的时候，他总是满怀愤怒。心理咨询师与来访者建立起稳定的咨访关系后，在一次心理咨询中，来访者又重演了他的"愤怒表达"，于是心理咨询师搬来一把椅子放在他的面前让他表达。

来访者：（愤怒地看着椅子）你凭什么毫无理由地打我，凭什么……我还那么小，我什么都不知道……

心理咨询师：你告诉我，那个时候，你多大？

来访者：六七岁的样子吧，具体我也记不清了。

心理咨询师：六七岁的孩子，在餐桌上吃饭，被爸爸毫无缘由地殴打，那么小的自己，遇到这种情况心里是什么感受啊？

来访者沉默了很久，眼眶开始泛红，嘴唇紧闭，低下了头。

心理咨询师：我看到你好像有了些其他的情绪，看起来你在很努力地压抑这种情绪。你可以试着坐到这把小椅子上，仔细体验那么小的自己在那样的情景下的最初感受。

来访者：（泪流满面）我很害怕，我真的很害怕，我感到自己头脑一片空白，我只能哭，但很快连哭都被斥责声制止了，我只能硬生生地吞下它们……

在上述案例中，害怕是来访者的原发情绪，愤怒是他的继发情绪。随后，心理咨询师通过对未完成事件的工作，使来访者真正地让原发情绪得到了表达和释放，开始触碰"那时那刻"真实的自我，这一原发情绪才被彻底释放。这就是原发情绪与继发情绪在临床工作中的表现及处理。

当一个人总在努力消除自己的继发情绪时，实际上只是他对自己的一种安慰。上述案例中成年后的来访者对儿时的这段记忆感到愤怒，这种愤怒反应其实是来访者通过社会化学习而习得的。因为来访者觉得这是一件令人难堪的事情，他为父亲不可理喻或无法理解的行为而感到愤怒。这实际上都是来访者在意识层面的一种自我保护，尽管这种保护方式充满攻击性。

该技术最后是**对个体肢体行为的关注**。在尚未形成成熟的语言体系之前，人类沟通、交流最直接的方式便是肢体行为。如今，大脑皮层高度进化的现代人能够运用丰富的语言进行各种交流，但肢体行为依然在人际交往中发挥着重要作用，肢体行为往往直接表达了个体的潜意识反应和真实想法。

人类学家雷·博威斯特（Ray Birdwhistell）发现，在人们面对面的交流中，语言传递的信息量在总信息量中所占比例还不到 35%，而超过 65% 的信息是通过肢体行为的形式表现的。因此，关于肢体语言的研究及应用在一些侦查、外交等专业领域格外受重视。心理咨询工作中我们对于肢体行为的重视，也是为了能够发现来访者的真实想法和感受。情绪变化虽然是当事人内心的情感体验，但情绪状态下所伴随的生理变化与行为反应却是外显的，是当事人难以控制的。因为语言经过意识的加工更容易被利用或掩饰，而肢体行为这种非语言表达却常常不受意识的驱使，更多凭借本能和无意识的反应。

另外，人们的肢体行为也常表现出一个人的内在性格特质。例如，不自信的人常常躲避他人的目光，害怕与之直接接触；急躁的人在行走时往往习惯于身体前倾，步履匆忙；紧张的人可能会经常做一些抖腿、咬手指、搓手等动作……这些身体动作都带有掩盖某种真实感受和需求的痕迹。心理咨询师如果能够关注这些看似平常的举动，可以为咨访双方提供顿悟性的认识。

"三维一体"中"一体"的内容就是格式塔心理咨询的整体观。格式塔取向的心理咨询师了解来访者时，尤其注重其语言、情绪与肢体行为之间的关联。

例如，一位来访者表达他对妈妈的感激时，他声调、语速很平稳地说"很感谢她这么辛苦地养育我"。与此同时，他的左手不自主地轻捏了一下，又很快放松下来。"很感谢她这么辛苦地养育我"是来访者在语言层面的表达；"声调和语速都很平稳"显得来访者没有什么情绪，是其在情绪层面的表达；来访者的"左手不由自主地轻捏了一下，又很快放松下来"是其在肢体行为上的表达。当心理咨询师将来访者的语言、情绪和肢体行为这三个维度结合起来整体观察时，就会发现在语言内容层面与来访者的情绪及下意识的多余动作之间表现出的一种不平衡性。

"三维一体"技术可以使心理咨询师更精准地觉察来访者，捕捉来访者内心的细微部分。格式塔心理咨询正是通过这种对语言、情绪与肢体行为精微而整体的了解，才使心理咨询师可以更深入地理解个体当下的全部而不偏颇。下面通过一个案例展示心理咨询师是如何利用"三维一体"技术的。

来访者：令我非常困扰的是，我每次回妈妈家，妈妈总会把我的衣服、钱包等物品藏起来，我总是要找很久才能找到。而且在这个过程中，我总会和妈妈发生冲突，所以我心里特别难受，特别不舒服，我妈妈到底是怎么了？

来访者一直在指责妈妈是多么不理解自己，自己工作很忙，回家看看妈妈对自己来说已经是很困难的了。

心理咨询师：当你发现妈妈藏你的物品时，你内心的感觉和感受是什么？

来访者：很烦。（做了一个手往旁边拨开的动作。）

心理咨询师：你可以再继续重复一下，当妈妈藏你的物品时你内心的感受。

来访者：我很烦啊。（手继续往旁边拨开。）

心理咨询师：再来一遍。

来访者：我很烦。

多次重复……

来访者：我真的想走掉。（这时，来访者忽然站起来了。）

心理咨询师：你可以停一下，转过身来，体验你此时此刻的感觉和感受。你看着空椅子上的自己。这时，她从椅子上站起来了，她说很烦。你内心是什么感觉啊，或者你想对她说些什么？

来访者：我忽然明白了。

心理咨询师：你明白什么了？

来访者：妈妈藏我的物品，实际上是她不想和我分开，其实当我回到妈妈家时，我的这种烦，吵着要走，可能已经从我的语言、情绪和身体上表现出来了，只是我自己并没有意识到。你通过这种方法让我感受到，原来我是要走的，我一直想和我的妈妈分开，我一直不想去看她，其实我内心里对她是有排斥的。因为她小时候对我……

随后来访者说出了自己的未完成事件。在上述案例中，心理咨询师从来访者语言表达"烦"的内容和她身体的动作让来访者觉察自己内心的体验。语言、身体和内心的感受性是同等重要的。在这个过程中，心理咨询师需要让来访者体验其当下真正的感受是什么？心理咨询师可以通过"三维一体"技术帮助来访者回归自己的此时此刻，并待在自己的此时此刻里。这时，心理咨询师并没有让来访者做过多的解释，也没有让来访者表达为什么烦？什么时候烦？在什么状况下烦？心理咨询师也并没有做过多讨论，而只是让来访者允许自己待在这种烦的情绪状态里，通过自己的身体去表达这种烦。

思考

1. "三维一体，精微觉察"技术是一种非常细腻的技术，在运用该技术的过程中，有哪些注意事项？

2. 你会如何将觉察融入自己当前的生活？

参考文献

［1］YONTEF G M. Awareness dialogue and process：essays on gestalt therapy［M］. Highland，N.Y.：The Gestalt Journal Press，1993：144-145.

［2］YONTEF G M. Gestalt therapy：clinical phenomenology［J］. Gestalt Journal，1979，2（1）：29.

［3］PEASE B，PEASE A. The definitive book of body language：the hiddenmeaning behind people's gestures and expressions［M］. New York：Bantam，2006.

［4］PERLS F S. Ego，hunger and aggression：the beginning of gestalt therapy［M］. New York，NY，US：Crown Publishing Group，1969.

第 6 章
当下

一位西方哲学家无意间在古罗马城的废墟里偶遇了一尊"双面神像"。哲学家虽然学贯古今，但对这尊神像的造型也颇感陌生。于是，他与神像展开了一段对话："请问尊神，你为什么一个头、两副面孔呢？"双面神回答道："因为这样才能一面察看过去，以吸取教训；一面又能展望未来，以憧憬美好。""可是，你为什么不注视最有意义的现在呢？"哲学家问道。"现在？"双面神茫然。哲学家说："过去是现在的逝去，未来是现在的延续。你既然无视于现在，即使对过去了如指掌，对未来洞察先机，又有什么意义呢？"

回归当下

在现象学中，心理咨询师常说帮助来访者回归事物本身，回归其最真实的样子，对于这种回归，心理咨询师有一种最常见的说法，称为活在当下。当下，就时间而言，它就是现在，是此时；以位置来说，则是此地，就在我们面前。也就是我们常说的此时此地。在格式塔心理咨询中，心理咨询师首先要关注的是来访者当下所处的位置。一个人的自我迷失常源于其无法生活在此时此地，即生活在最为真实的当下。一个人若总是沉浸于"我昨天如果做……就好了""下周我一定要开始健身计划"诸如此类的念头中不能自拔，往往会忽略当下的美好与自身的创造性。过去已去，未来未至。正如列夫·托尔斯泰（Leo Tolstoy）所言：只有一个时间是最重要的，那就是现在。它之所以重要，就是因为它是我们可以有所作为的时间。

皮尔斯并不否认每件事皆有其过去的来源，并倾向于在未来有进一步的发展，但他强调过去和未来皆会持续不断地在当下的场中呈现，同时也必须与当下产生联结。现实永远都是所有曾经存在或将要存在的真实的体现。

一位大学生来访者，他很难表达自己的困扰和问题，很不习惯看着心理咨询师……心理咨询师邀请来访者抬起头，看着心理咨询师，只是看着心理咨询师（尝试性接触），不需要说话。心理咨询师试着和来访者对视与接触……不一会儿，来访者开始眨眼，忍不住地四处张望……心理咨询师问来访者当下的感受（此时此刻）。

来访者：我想躲避，我在日常生活中就是这样的，我怕被人看穿……

心理咨询师：（目不转睛地看着来访者）你想躲避，你担心被人看穿，当你表达这些时，你内在的感受是什么？（内部觉察）

来访者：我有些害怕，我也不知道，就是……就是……就是……

心理咨询师发现来访者很难待在感受里，他一直用解释替代自己的感受。心理咨询师试着让来访者回到当下（Here and now），回归自我，并帮助他澄清。

心理咨询师：看起来你在努力地向我解释，你想告诉我什么？（澄清内容）

来访者：就是……就是……就是……我也说不清楚。

心理咨询师：嗯，不着急，慢慢来，我能理解为你很渴望向我说清楚，很渴望我能理解你吗？（深层同理）

来访者：（兴奋地点了点头）是的，是的。

心理咨询师：好的，这样，你看着我，告诉我，"我渴望你能理解我"。（实验设置，尝试表达）

心理咨询师邀请来访者大胆地与自己对视，并表达其真实的想法。

来访者：（艰难地抬起头，"艰难"这个形容是心理咨询师对当下真实的描述）我渴望你懂我，也渴望你理解我。

他哭了，眼泪从他的眼眶中缓缓地流出来。（情绪释放）

在心理咨询结束后，来访者说以前他觉得哭是一件很羞耻的事，但今天他对此有了新的体验和认识。

问题存在于当下，问题亦解决于当下。皮尔斯强调当下是唯一的心理实存。格式塔取向的心理咨询师再三强调对现实的感受，强调体验到除了当下以外没有其他实存的重要性。格式塔心理咨询强调对此时此刻的觉察，但并不意味着忽视过去与未来，而是主张把有关的过去与可能的未来带到此时此刻来体验，用现在的眼光看待过去和未来。一个人与外界接触，其思维、想象、计划只能是在当下发生、体验，任何谈论、解释、回忆皆无法替代当下真实的经验。

回归当下的途径

觉察是对于此时此刻的经验。在正常情况下，任何人都不可能感受到超出感官外的事物。皮尔斯认为，如果一个人要成熟，就必须找到自己在生活中应负起的责任。来访者的基本目标是觉察自己正在体验到什么及自己正在做些什么。通过对身体的感觉、情绪、姿态、语言、声调和动作等的觉察，达成自我了解，并得到修正自我的知识，学习到如何对自己的情感、思维和行为负责。在心理咨询过程中，心理咨询师经常会遇到来访者跳出此时此刻的情况，正如上述案例中的来访者，当他无法表达自己当下最真实的感受和体验，不断逃离当下时，心理咨询师就需要巧妙地使用同理、重复、放大、设置实验等方法，鼓励、引导来访者待在此时此刻的感受里，充分体验、深度觉察。

当一个人能够在此时此刻的场里体验、觉察静与动，就是避开最强大脑——意识的控制，回归自我的有效途径。

来访者来见心理咨询师的时候有些着急。

来访者：（迫不及待地表达）我知道自己有种错误的认知，我现在见到人不敢呼吸，不敢喘气，我很害怕，所以我把自己封闭起来，不论家人还是朋友，我都不让他们进来。（来访者说着说着，低下了头，轻轻叹了口气）

心理咨询师邀请来访者和他一起叹气，放大这种感觉（放大技术）。但是很遗憾，来访者放弃了。来访者不敢这样做，他说他从来不敢深呼吸，他最近一直封闭自己。在与来访者的对话中，来访者几次谈到封闭，当谈及封闭时，来访者的身体会不自然地蜷缩成团。心理咨询师再次邀请来访者和他一起觉察"身体蜷缩成团"的感觉，来访者开始变得不耐烦（抗拒）。

来访者：我不愿意跟别人说话，我觉得自己有错误的认知，我希望你帮助我矫正错误的认知，你却让我呼吸和蜷缩身体，我觉得这对我没有用！

心理咨询师：（目不转睛地看着来访者）看起来此时此刻你有些情绪（外部区域觉察），你很希望我帮助你（深层同理），而我此时此刻邀请你和我一起训练的并不是你想要的或你需要的。对此，我很抱歉，但又很无力，我很想帮助你，却不知道该怎么做了。

心理咨询师看着来访者，来访者看着心理咨询师，开启了"静默模式"，1分钟，2分钟，3分钟……

过了一会儿，来访者又开始叹气，于是心理咨询师跟随来访者叹气（关注跟随）。来访者继续叹气，频率增加。

心理咨询师：现在你的感觉怎么样？

来访者：舒服一点了。

心理咨询师邀请来访者一起体验这种"舒服的感觉"，不断叹气（重复、放大，增强感受），来访者居然笑了。随后，来访者主动要求再进行蜷缩身体的训练。来访者开始愿意体验那种感觉了。

由此可见，回归当下的过程并非易事。很多时候，人们无法承受来自当下的真实冲击，才试图在过去和未来的那时那刻寻找某种平衡，即格式塔心理咨询所称的创造性调整。如果心理咨询师能够跟随来访者，慢慢地帮助来访者体会安住当下（哪怕只是一小会儿），实现来访者与真实的触碰，就能激发出其非凡的内在自我潜能。这也正是人本主义秉持的个体自我实现的宗旨。因为当下的真实感是最有力量的，也因为当下并不囿于现在，而是超越过去，面向未来。

思考

1. 在心理咨询中，你如何理解过去、当下与未来这三个时间维度之间的关系？

2. "活在当下"这一概念被热议背后折射出当下国人的哪些心理需求？

参考文献

NEVIS E C. Organizational consulting：a gestalt approach［M］. London：Gestalt Press，2013.

第 7 章
接触

接触

什么是接触？正如皮尔斯、古德曼和拉尔夫·F. 赫弗林（Ralph F. Hefferline）等人描述的，接触是一个人与另一个人之间的相遇，或者是一个人与环境之间的相遇。接触既包含有形的接触，也包含无形的接触；不仅有个体对自我的觉察，也有对与之产生接触的人、事、物的觉察。在"我"与"非我"的关系中体验到"我"，且是不同于"你"的"我"。埃文·波斯特（Erving Polster）解释道："接触边界是一个人体验'我'与'非我'关系的点，通过这种接触，两者可以被更清楚地体验到。"而"我"与"非我"所呈现的，正是差异。接触意味着承认差异，允许个体差异的存在，而不是在与环境胶着的融合或完全的隔绝之间摇摆。如果一个人接触另一个人，他体验了他们之间的差异（一方面，这些差异存在于我们之间；另一方面，它也联结了我们。更精确地说，根本没有"之间"，只有差异的碰触）。如果一个人没有体验到差异，他或许只感觉到他人的一部分，或者他感到疏离，他和另一个人就不会相遇。

接触也是有机体和环境之间的创造性调整，是发生在有机体与环境互动中的各种活生生的关系，良好的接触不仅仅是旧元素的重新排列，还包含了旧人格和来自环境新材料的再创造。波斯特等人将接触机能分为视觉、听觉、触觉、味觉、嗅觉、谈话和运动等。个体通过接触机能实现有机体与环境的联系，这些机能描述了多种感官功能，以及有机体如何将其运用于自我与世界的联系之中。人的接触机能在接触发生时就会发出最大的潜能。吉勒斯·德莱尔（Gilles Delisle）列出了一系列问题，用以对来访者可观察到的接触机能做出主观评价。下列问题对于初期和实时评估来访者表现出的接触机能是颇为有效的。

视觉接触机能：来访者是以什么样的目光看心理咨询师的？来访者在什么时候看心理咨询师，什么时候不看心理咨询师？心理咨询师认为来访者的眼睛流露出怎样的情感？心理咨询师如何描述来访者的眼睛及其看人或物时的方式？

谈话（声音或语音）接触机能：心理咨询师如何描述来访者的声音？当听到来访者的声音时，心理咨询师的感受是什么？心理咨询师认为这个声音最可能表达什么情感？来访者如何运用自己的声音？

听觉接触机能：来访者能听清心理咨询师说的话吗？来访者是在认真地听心理咨询师说话还是在想其他事情？来访者是否能很好地理解心理咨询师说的话？

触觉/运动接触机能：如果心理咨询师被来访者触碰，心理咨询师的感受是什么？如果心理咨询师触碰来访者，来访者和心理咨询师的感受分别是什么？心理咨询师是否愿意碰触来访者？来访者在特定的空间里会如何控制自己的身体？来访者是如何使用具有支撑功能的家具（如椅子）的？来访者是如何移动身体的？

关于外表：心理咨询师认为来访者的衣着怎么样？心理咨询师认为来访者的自理能力如何？心理咨询师如何描述来访者的特征？来访者的哪些特征让心理咨询师印象最深刻？

人们活在这个世界上，就要跟万事万物进行接触，如此才能生存下来。就像达尔文的进化论里的用进废退一样，人们身体的一些机能在生存过程中保留下来。其实心理的机能也是一样的，人们往往固着在过去时空物理场的接触模式，所以很难运用一种新的互动接触模式。例如，小时候你被父母责备了，父母说你没用。当人们有了这种对自我的内在认知时，就会认为自己没用。未来在跟世界接触的时候，人们可能就会固化在这种模式里，难以接触更多的新鲜事物。所以，接触就会受到抑制和阻断，能量就无法流动起来，这就叫接触受阻。

边界

接触产生于个体与环境相接的边界，边界是接触产生的核心条件。很多时候，在心理咨询里都会谈到这个话题，要保持边界。在一段关系中，我们也会讲到要保有边界。那么，什么叫边界？怎样跟来访者建立良好的边界感，从而促成良好的接触循环？边界既是自我与环境分离的部分，又是自我与环境相接的部分。在接触的边界，既包含接触，又包含分离。在接触和分离的过程中，个体会对自我与环境有更加清晰的觉察和认识。皮尔斯指出，人们的经验正是发生在自身和环境之间接触的边界上。经验是有机体及其环境之间接触边界的运作历程，也是个体真正认识和了解自我的历程。

此刻我们可以闭上双眼，双脚放平，放松身体，现在开始想象以下场景并加以体验。想象自己仿佛站在大海边，远远地看着海滩，远远地看着大海，远远地看着天空。放眼眺望的时候，尝试一下，是否能够看到远处那条海天一线呢？这场景是否让你感到心情无限舒畅呢？好的咨访关系就像大海和天空一样，有非常明确的边界，大海不吞噬天空，天空也无法吞噬大海。例如，来访者来到心理咨询室的时候，心理咨询师经常会提出，你现在可以坐好了，你现在可以坐得离我近一点，你现在需要……在生活中，人们会不自觉地吞噬掉周围的每个人，包括来访者。所以，心理咨询师要不断地提高自我的觉察力。例如，一位正在辅导孩子写字的母亲看到孩子写的字时说："宝宝啊，你真乖，你看看你的字写得横平竖直，写得真好，给你一个大大的赞。"孩子感到非常高兴，但是这时，妈妈的话锋一转，说道："如果这个横再写得平一点，如果这个点不要写出格，如果这个捺再写得长一点那就更好了，擦了重写吧。"这位妈妈表达了这么多赞美，目的只是让孩子把字擦了重新写一遍，而擦了重写是这位妈妈的需要。

从这个角度我们会发现，当人们吞噬掉他人时，或者把自己的意愿强加给他人时，人们既失去了自己的边界，也侵犯了他人的边界。所有的接触都是有机体在当下情境中的创造性适应。心理健康的人是可以调整创造性的，即调整自己的接触模式，以适应新的环境、新的情境，同时心理机能也是在不断变化的。但接触的状态是否良好，还需要根据有机体对当下情境的反应来判断。良好的接触是指在自我与环境接触的过程中，接触机能感知到信息唤起有机体的调节能力，做出与当下情境相适应的行为，用格式塔心理咨询中"整体大于部分之和"的概念解释，即是良好的接触大于视觉、听觉、触觉、味觉和嗅觉等各个接触机能反应的总和。

接触在格式塔心理咨询中占据重要地位的原因在于，接触是人们成长和改变的媒介。当个体的接触处于充满活力与动态的状态中并完全吸收新事物时，个体便会自动实现改变与成长。在每一次的接触经验后，人们会对自己有新的、扩大的或不同以往的体验觉察。接触是人们跟环境一起工作以创造最满意结果的方式，有其特别的组织结构。受格式塔心理学的影响，格式塔心理咨询认为，世界上所有的经验和行动是自然地相生相成的，是塑造人们现象场的一种组织。它被称为格式塔的形成、图像形成、更完整的格式塔或图像的形成与破坏。

接触的抗拒模式

人们在与环境进行接触时通常会产生某种需要，但是这些需要经常会受到其他因素的阻碍而使个体难以得到满足。当自我的需要在环境中无法真实呈现时，为应对这种来自环境的压迫，自我就会发展出与之相对的抗衡模式，也就是接触过程中的抗拒模式。

在格式塔心理咨询中，常见的抗拒模式有七种，即融合、内射、投射、回射、偏转、低敏感与自我中心主义。在实践中，格式塔取向的心理咨询师深刻地感受到，所有接触的抗拒模式都是个体在相应背景下的创造性调整，心理咨询师需要在适应的背景中促进个体与环境产生良好的互动。但是当情境转换时，个体可能仍固着于有些模式的体验中，破坏个体与环境的互动，成为妨碍个体成长的阻力。因此在本书中，我们依然沿用格式塔心理咨询中经典的称谓——接触的抗拒模式。图 7.1 简要地呈现了体验循环（也称接触循环）中常见的七种抗拒模式，以便让大家更好地了解抗拒模式与体验循环之间的关系。所有的抗拒模式相辅相成，都不是孤立发生和存在的，每一种接触的抗拒模式都可能发生在体验循环的任一阶段。

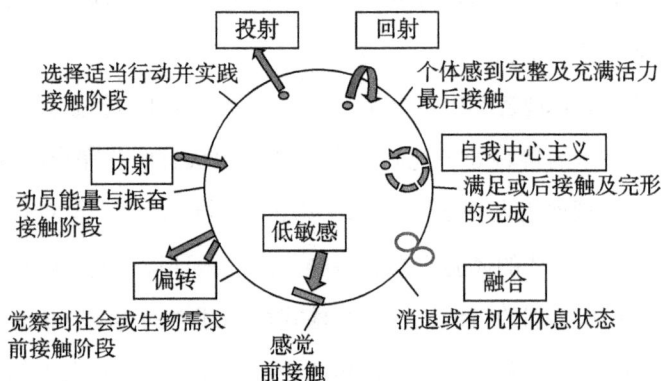

图 7.1　七种抗拒模式

投射

在心理学中，投射是指将一种态度、特质或品质赋予另一个体、群体或物品。简单而言，投射是从他人那里看到了自己的存在。投射的内容是属于我的感觉、行为或品质，而自己却没有感觉到它。相反，我将这些感觉、行为或品质都归因于我身边的人、群体或环境。皮尔斯等人指出，如果一个人持续地怀疑其他人在拒绝自己，那么可以尝试将这个过程反过来看。探索一下是否有依据证明这个人在否认自己对他人的拒绝。在生活中，如果一个人常常否认与自我概念不符的人格特质时，就会无意识地将这种特质投射到他人身上。例如，如果一个人无法允许自己拖延，可能也无法允许他人拖延。

来访者：我觉得我……我是一个没有自信的人，是一个很自卑的人。我和同学一起玩的时候，只要有错误，都是我犯的。我总觉得我不够好，我没有自信，我很内向。

来访者说了好多。这时，心理咨询师采用了一种非常简单的实验方法，拿来一个抱枕放在空椅子上，旁边放着一摞纸。当来访者说"我觉得我怎么样"时，心理咨询师就在抱枕上贴一张纸。来访者说了好多，心理咨询师用纸贴满了抱枕。

心理咨询师：你告诉我，你还能看清楚这个抱枕的颜色，看清楚它的样子吗？

来访者：我看不清楚。

心理咨询师：此时此刻你的感受是什么？

来访者：有点伤心。

心理咨询师：假如你是这个抱枕，你现在的感受是什么？你想表达什么？

来访者：这时，我会觉得我是窒息的，我很难受，我想说，但是我说不出来。

心理咨询师进行了实验的第二步，让来访者把抱枕上的纸一张一张地撕下来。每撕一张纸，心理咨询师都会问来访者的感觉和感受是什么？在心理咨询快要结束的时候，征得来访者的同意，心理咨询师邀请来访者的母亲进来，希望她能够配合一下。

心理咨询师：你愿意告诉我，此时此刻你想对你的女儿说些什么吗？你怎样看待你的女儿?

来访者母亲：我这个女儿很内向，就是不爱说话，非常不自信，做什么事儿都没有勇气。我的这个女儿在和别人一起玩儿的时候，总觉得自己不好。

我们可以发现，母亲和孩子说话的模式是一模一样的。这时，心理咨询师发现来访者笑了。

心理咨询师：你笑什么?
来访者：好好玩。

这时，心理咨询师让来访者手里拿着那厚厚的一摞纸，然后告诉她的母亲："妈妈这些是你的，我要还给你。"

来访者的母亲不知所措，经过交流，来访者的母亲忽然掉下了眼泪，心里产生了一些内疚。后来，来访者的母亲又对来访者做了道歉，表达了内心的愧疚情绪，母女俩在非常融洽、非常和谐的关系中结束了咨询。

在这个过程中，边界的疏离和缺失对孩子造成了影响，母亲想"吞噬"孩子，孩子被母亲"吞噬"，这就是一种投射，一种吞噬。

内射

内射是指个体将外在环境中的观点、态度或指示不加区分地全部接收，即囫囵吞枣地接收所有来自外部的信息。当人们被吞噬时，就会有很多内射，不加思索地、不加任何评判地、不加任何分析地把所有的信息都内化到自己的身体中和心里来。这类来访者往往会表现出对心理咨询师的高度认同，对心理咨询师提供的所有建议和想法都表现得十分赞同和配合。作为一种接触的抗拒模式，内射本身并无积极与消极之分，关键在于有机体在接触中是否有觉察地采取与当下环境相适应的模式。例如，当我们在课堂上听课时，老师讲的内容多，此时如果我们仔细琢磨老师讲的每句话，就可能会漏掉许多重要内容。但如果我们先不假思索地把老师讲的所有内容都记录下来，然后再将这些内容与自己原有内在信息库中的内容进行整合，此时的内射过程就是与当下环境相适应的模式。

一位来访者曾对心理咨询师说："我的妈妈是大学教师，我的爸爸是公务员。爸爸从小就告诉我，只要好好学习，就可以改变命运。我到今天也不知道，我为什么要好好学习，为什么要改变自己的命运，我的命运到底出现了什么样的问题。"很多时候，人们会受文化、周围环境和语言的影响而形成很多内射。例如，男儿有泪不轻弹、养儿防老，这种标签就会限制人们的发展，此时的人们是被吞噬的。

此时此刻，你可以拿出一粒葡萄干，将它放在手里，然后不假思索地直接把它吞下去。在这之前，有人告诉你葡萄干很甜，你吞下后可能会说真的很甜，这就证明你已经内射了他的观点。现在，请再拿出一粒葡萄干，先看看它，再触摸它，再闻闻它……然后把它放到嘴里慢慢地、一下一下地咀嚼，咽下去时先感受它在你的喉咙里，然后再一点点地把它吞咽下去，此时此刻你的感觉是什么？当你通过咀嚼跟葡萄干有了接触时，此刻你感受到的这种甜才是真正的甜。

在心理咨询中，我们也一定要谨防这种内射的状态。例如，有的心理咨询师可能会告诉来访者："你的问题是由于……造成的。"来访者说："我觉得不是。"然后心理咨询师说："你可以不相信，但这是你的潜意识。"这时，心理咨询师可能已经吞噬了来访者，并把自己的主观意愿带给来访者，这些都是一些不良的接触，都要进行创造性的调整。当然也有很多时候来访者会说："你告诉我，我应该怎么办？你只需要告诉我，我接下来可以做些什么就可以了。"来访者不做任何思考，不承担自己的责任，而是需要内射他人来帮助自己解决问题。这种内射和投射都不是良好的边界，而良好的边界才能促成人与人之间你与我的相遇。

回射

很多时候，抗拒模式也在不断地发展，这种创造性的调整发展到今天，还有很多不同的类型，如回射。回射也可以称为内转，是指个体对自己做出那些原本想对他人、他事做的行为。回射意味着某些原本从个体走向环境的功能改变了方向，回到发源者身上，即用自我代替了环境。回射者具有自他同体的功能。回射分为两种：一种是他将自己想对他人做的行为对自己做了；另一种是对自己做他希望他人对自己做的事。长期未被觉察的回射是一种对接触地打断，且经常是在个体感知到攻击性或其他危险行为时发展出来的。皮尔斯等人解释，回射通常是一种在童年时期养成的习惯，当时，孩子如果自由表达自己的需求或感觉，就可能会被处罚，或者被威胁会受到处罚。

一位来访者告诉心理咨询师，当他学了格式塔心理咨询以后，他对继母产生了深深的愧疚，原因是什么？在他小时候，母亲和父亲经常吵架，后来母亲去世了，来访者对父亲产生了深深的仇恨，因为他认为是父亲气死了母亲。后来没过多久，父亲又再婚了。来访者跟继母的相处不是很和谐。他不喜欢继母，他认为继母对自己在家里的地位构成了威胁。他跟继母经常会产生各种冲突。有一天，继母非常生气，便拿着刀追赶他，追到他的那一刻，他对继母说，你砍死我吧！这时，继母停了下来，她开始用刀划自己的脸。继母毁容了。但是那个时候，来访者依然不认为是自己的错，而且他认为继母想杀他，认为继母是罪有应得。后来，来访者不断地成长，并且学习了心理学。他发现，原来继母那一刻是一种回射的现象，其实那一刻恰恰显示了继母内心的无力感，她无法攻击这个孩子，只能攻击自己。

在心理咨询的过程中，心理咨询师经常会遇到有回射模式的来访者，当心理咨询的时间有调整时，心理咨询师会给来访者发送信息，告诉他咨询时间有变化。有时候，来访者会说："我知道这次你为什么调整我的时间，是因为我对你来说不够重要，所以你总在调整我的时间，我知道自己不好，我知道其实你根本看不起我，你看不上我。"我们会发现，来访者产生了回射，其实他想攻击的是心理咨询师，但是他没法表达，所以他攻击了自己。正所谓无法原谅他人的人就无法放过自己，不放过他人的人也无法原谅自己，这是对回射最好的写照。

另一种就是人们特别期望他人为自己做些什么，但是他人并没有为自己做。在心理咨询的过程中，来访者会说："此时此刻我的内心非常孤单，我感觉非常寂寞，其实我特别希望我的老公能够抱抱我。"当她说完这句话时，她的双手交叉放在胸前，做了一个拥抱的动作。同样是一个动作，如果心理咨询师不了解整个咨询的场和环境，一味地进行分析和解释，可能会把这个动作认为是一种防御。但实际上我们会发现，其实来访者更渴望她的老公能够和她有更好的接触，能够拥抱她，这是很明显的。此时此刻，来访者感到非常无力，因为她的老公并没有拥抱她，所以来访者自己做了一个拥抱的动作，让自己拥抱了自己。

一位来访者曾告诉心理咨询师说她认为她的老公出轨了，她不遗余力地找了很多他出轨的证据，她深信将来有一天她和他会离婚。但是后来，访者发现她的老公并没有出轨，而且他对她很好。因此，她心里非常痛苦，她不知道自己为什么会有这样的念头，为此她找到心理咨询师。在心理咨询的过程中，心理咨询师了解到，在来访者小时候，她的父母总吵架，她的父亲曾经出轨，被母亲和她撞见过。当时，她心里最大的愿望就是让母亲和父亲离婚，但是母亲苦于孩子抚养和经济压力，说等来访者长大了就跟父亲离婚。从小学到中学到大学甚至到来访者步入职场，来访者经常会跟母亲说，妈妈你现在可以和爸爸离婚，你不要再承受这一切了。但她的母亲依然没有和父亲离婚，现在来访者的父母已经 70 岁了。来访者一直想让母亲和父亲离婚，但是他们依然这样生活着。所以，来访者内心的渴望是外射的，想摧毁父母的婚姻，想分离父母的婚姻，但是她分离不了，所以她回射了，就试图分离自己的婚姻。

当来访者看到这部分时，她忽然顿悟了，原来是这样的，真的是好可怕，有了这样的发现以后就会在生活中有觉察。很多时候，人们遇到边界以后无法做到接触就会回到自己身上，因此会自我攻击、自杀等，这些都是一种回射。

偏转

偏转也称折射、借力，是指个体忽略或避开来自内部或外部的某种刺激，阻止这种刺激进入意识的中心区域。人们不讲自我而不断地讲他人，不断地识别他人的需要，而非自己的需要。偏转以逃离或避开为表现特征。例如，心理咨询师告诉来访者，刚刚在说你父亲的时候你握了一下拳头。来访者却对心理咨询师说，你今天穿的衣服好帅啊！这就是典型的偏转，因为来访者并没有和心理咨询师一起在当下。很多时候，来访者会说父亲怎么样，母亲怎么样，其他人怎么样，会说到很多人，但从来不回到自己。这些来访者在交流过程中总喜欢打岔或转移话题，是因为他们无法直接面对相关的议题，面对这类议题便表现得尤为敏感和逃避。如果一个人习惯性地偏离主题，就表示他并未以有效的方式运用其个体的能量，以便从自己、他人或环境处获得认可。在此状态下，任何批评、指责、欣赏或爱也许都无法"被接受"。

常固化于这种模式的人经常会被他人忽略。一位来访者对心理咨询师说："我最大的问题就是在生活中经常会被他人忽略，而我在工作中会照顾所有人的感受，我会说所有的人好，我从来不说我自己。我特别希望大家能够记得我，但恰恰相反，很少有人能够记得我。"来访者的这种模式就是发生了偏转，他被他人忽略了，他总在谈他人，没有回到自己。在心理咨询中也是如此，来访者总在谈论心理咨询师："你看，你今天身体微微前倾，而且还表现得爱笑，看起来你今天非常专业，很有精神，而且你今天的心情特别好……"来访者在不断地评论心理咨询师，很少回到自己。有趣的事情发生了，心理咨询师居然在和来访者约定的咨询时间里，放了来访者的"鸽子"。来访者的偏转甚至成功地让心理咨询师也在潜移默化中形成了对他的忽略，这恰恰是来访者在现实生活的各种关系中所呈现的模式，即不断地讨好和满足他人，而心理咨询师也掉入了来访者固有的"圈套"内。有偏转行为的人无法从其行动中获得充实的收获。他也许会与他人交谈，但觉得没有触动，或者觉得被误解，他与外界的互动失败，达不到他预期的合理效果。纵使个体能有效或准确地和他人沟通，但是他若不愿意与他人接触，那他人也无法完全地感觉到他的存在。

融合

融合是指个体缺乏区分人际界限的能力，个体与环境之间的界限是模糊的，即两个人的信仰、态度或情感融合为一体，而未分清两者之间的界限及彼此间的不同之处，仿佛他们是同一个人，犹如胎儿在母体中的状态。有些来访者在处理人际关系上，常常表现得好像"我中有你""你中有我"。例如，处于热恋中的男女，很多时候他们的眼里只有对方。他们会过度地关注对方的细微体验和需要，而失去对自我的关注，并且很容易陷入极端讨好或极端控制的状态中。

融合也可以被视为个体面对孤独、面对人类难免一死的宿命，以及面对空白虚无的恐惧时产生的一种自我防御功能。融合会妨碍个体的感觉功能，使其无法在体验循环中有规律和自律地运作。一个人经常使用融合处理关系中的接触时，很可能无法结束一段关系或一次行动。因此这类人无法与环境有良好的接触，也就无法拥有属于自己的生活。

低敏感

低敏感是指个体因来自潜意识层面的阻抗或对自我的保护而发展出来的对自我感受性的深度隔绝。很多时候，在心理咨询中，来访者的感觉和感受是无法被启动的。来访者经常会说自己失去了感觉，失去了感受。个体处于低敏感状态时，其自我感官功能减弱，情感淡漠，无法感觉痛苦或不适。低敏感是为了抗拒刺激，抗拒联结，抗拒交往。例如，一位来访者说，她没有男朋友，她很难与他人有很好的交往，她甚至无法喜欢他人，她的身体失去了感觉，内在失去了感受。从接触模式来看，这种情况就是低敏感的模式。低敏感的抗拒模式让个体对自己的存在感觉麻木，与环境丧失互动、丧失接触。

一位来访者在表达自己的整个过程中说："你不要问我感觉和感受，我没有。"在心理咨询的过程中，心理咨询师邀请来访者做一些体会感觉和感受性的体验。当然，心理咨询师尊重来访者没有感觉和感受的这种状态，不强迫来访者要有感觉和感受，但是会邀请他一起体验他的当下。当心理咨询师邀请来访者抓沙盘里的沙子时，心理咨询师询问他双手抓着沙子是一种什么感觉？来访者很难表示。心理咨询师说："这时，不说你的感觉了，重在体验就好了。"此时，心理咨询师让来访者将双手放在沙子上，用手接触沙子。慢慢地，来访者开始微笑，非常放松，并闭上了双眼，体验手跟沙子的接触。在心理咨询结束后，来访者说："这个体验非常好。"心理咨询师询问来访者的感觉和感受是什么？来访者依然回答不清楚，但是感觉很舒服。心理咨询师发现，来访者有了很大的进步，已经会表达舒服了。来访者说对的，自己以前从来不会说这样的话。

所以，感觉和感受是人们跟客观世界建立联系的媒介，对外部世界的感知觉可以让人们更好地与环境建立联结，拥有更清晰的边界感。

自我中心主义

自我中心主义在格式塔心理咨询中的特征是个体从自身中抽离，成为自我及自己与环境关系的一个旁观者或评论者。适度的自我中心主义是个体具有在接触中恰当地进行自我反省的能力，这种能力有利于个体冷静思考当下所要做的事情是否是自己内心真实的需要。而过度的自我中心主义却会使个体陷入反复自省或过度担心自己是否会受到伤害的认知中，减缓甚至阻断了个体的自发性过程。过度自我中心主义的人会回避与环境的接触，退缩到自己内在的对话中，使自己永远无法满足自己的需要。皮尔斯、古德曼与赫弗林在其有关自我中心主义的讨论中指出，当个体对着镜子中"成为自己"的自己孤芳自赏时，他的生活即缺乏真正的自发性，他的需要看起来是虚假的，而他的工作也是枯燥乏味的。长期的自我中心主义者也许看起来像是很能控制自己的人，但缺乏轻松地与自己及环境处于共鸣中的无自我意识的状态。

思考

1. 回顾接触过程中的几大抗拒模式，你能找到自己身上可能存在哪些固化的抗拒模式吗？

2. 在青少年抑郁症群体中，许多孩子习惯于将自己封闭在房间内，拒绝社交，排斥活动，而热衷于网络世界。从接触的角度来看，你如何理解青少年群体在这个部分的接触特征？

参考文献

［1］PERLS F, HEFFERLINE G, GOODMAN P. Gestalt therapy［J］. New York, 1951, 64（7）: 19-313.

［2］CLARKSON P, MACKEWN J. Fritz perls［M］. London: Sage Publications, 1993.

［3］POLSTER E, POLSTER M. Gestalt therapy integrated［M］. New York: Brunner Mazel, 1973.

［4］LATNER J. The theory of gestalt therapy［M］. Gestalt Therapy. Gestalt Press, 2014: 19-62.

［5］POLSTER E, POLSTER M. Gestalt therapy integrated: contours of theory and practice［M］. New York: Vintage Books, 1974.

［6］FRANCESETTI G, GECELE M, ROUBAL J, et al. Gestalt therapy in clinical practice［J］. Psychopathology to the Aesthetics of Contact, 2013.

［7］CLARKSON P, CAVICCHIA S. Gestalt counselling in action［M］. London: Sage Publications, 2013.

［8］SEVERINGHAUS E C. Ego, hunger and aggression［J］. International Journal of Group Psychotherapy, 2015（2）: 249-251.

第 8 章
体验循环

体验循环阶段划分

格式塔心理咨询理解觉察流的一种习惯方式是将之比喻为体验循环，也可以称之为觉察循环或接触循环。体验循环是识别主题形成、阻断及完成的一种简便有效的方法。皮尔斯最早将体验循环概念化为自体本身的活动，认为一个体验循环经历了接触前、接触中、充分接触和接触后四个阶段。

随后，彼特鲁斯卡·克拉克森（Petruska Clarkson）在约瑟夫·C. 辛克（Joseph C. Zinker）等人的理论基础上提出了感觉、评估、计划、行动、接触、满足和消退七阶段体验循环模式。菲尔·乔伊斯（Phil Joyce）与夏洛特·西尔斯（Charlotte Sills）又将七阶段体验循环模式细化为知觉、识别、动员、行动、接触、吸收、撤回和休息八个阶段（见图 8.1）。

体验循环既可以反映较小的微观循环，也可以反映较大的宏观循环。较小的微观循环示例：一个人感觉嗓子有点干，这个**知觉**被他感受到；然后很快被他**识别**到自己是口渴了，需要补充水分；开始进行准备，他是在会谈中还是在工作中，水在哪里，他需要采用何种计划满足该需求，进行评估**动员**；**评估**完后，他站起来倒了一杯水，这便是他采取的**行动**；当他喝下这杯水后，他的嗓子和水充分**接触**；喝完水后，他的嗓子被水浸润，开始**吸收**，**满足**的感觉浮现；然后这个满足的感觉慢慢消退，能量慢慢**撤回**，他开始**休息**。之后，当下

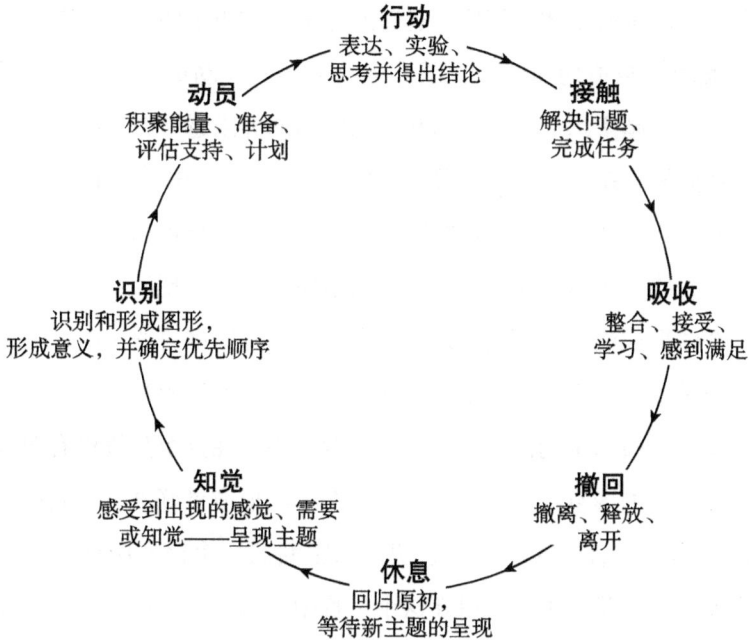

图 8.1　体验循环圈

一个需求呈现时，他进入下一个体验循环。为了便于理解，本书将体验循环细分为八个独立的阶段进行描述，但实际上整个过程是一个连续谱式的过程，并不是阶段性的断点接续过程。

较大的宏观循环示例：一个人的成长发展可能需要一生的时间，若有机体需求的结果能通过自然过程达成，则有机体可以用创意与满足的方式顺畅地完成或大或小的循环。如果在这个过程中发生了阻断，就会发生需求未被满足的情况，有些会形成有机体成长中的未完成事件，产生固着的格式塔。

有机体在现实中往往不仅有一个需求需要自然地完形，有时候会有几个需求或同时或重叠或次第发生，后一个需求会打断前一个需求的满足进程。因此，当个体产生需求时，有机体需要根据当时的场，充分考虑需求的价值、强度、个体所处场中的资源等几个维度，从而决定优先考虑哪个需求。

有机体还可以通过理解图形与背景的关系来更充分地理解体验循环的过程。在**知觉**阶段，个体的某个需求逐渐从弥散的背景中凸显，慢慢形成一个当下的图形。该需求被个体**识别**后，迅速或逐渐变成当下的注意焦点，个体对需求的反应就越来越迫切而清晰，图形逐渐成形。在**动员**阶段，图形开始逐渐从背景中凝聚得越来越清晰，图形和背景联结的界限越来越清晰，背景慢慢变得模糊，从而被忽略。在**行动**阶段，个体开始进入图形中，此时背景不会被关注，图形成为当下的焦点。在**接触**阶段，个体完全沉浸在当下的图形中，背景已经完全被忽略，个体在瞬间完全地参与他所创造或发现的图形。随后进入**吸收阶段**，个体形成满足感。当**满足感**慢慢**消退**（即**撤回**阶段）时，图形便不再是焦点，而是逐渐模糊，背景中的其他部分与图形的界限变得不再清晰。在充分的**休息**阶段，被满足的需求开始隐藏在背景中。在这个阶段没有图形，个体进入一种"无为的虚空"状态，为下一个图形的形成做好准备。此后或者形成一个新的图形，或者因被刚刚的急切需求阻断的一个循环图形又在背景中显现，成为新的待满足需求。如果在这个过程中，因为情境压力或其他原因，原来隐藏在背景中的未被满足的需求无法通过良好的接触而完成一个图像成形的过程，就会形成一个未被满足的残缺图形，隐藏在有机体的背景中，作为一个未完成事件固着下来。

体验循环模式下的评估

格式塔心理咨询认为，个体基本上是健全的，并且随时都处于努力获得平衡、健康与成长的状态。因此，格式塔取向的心理咨询师对来访者的问题给定的不是名词性标注，而是动词性描述。例如，你经常强迫性地想着……而不用"你是一个强迫思考的人"。因此在诊断评估方面，格式塔心理咨询与其他流派的主要差异在于它聚焦于当下的动态过程，而非给出长期、持续、固定的特征贴标签。但心理咨询师还是需要对来访者的问题有一个评估的路线图或工具袋，体验循环圈在格式塔心理咨询的实践中就起到了评估、诊断的作用。约瑟夫·梅尔尼克（Joseph Melnick）和索尼亚·马奇·内维斯（Sonia March Nevis）提醒我们，不论一个人如何定义诊断，重要的是要记住：诊断只是一个改变的工具。它的目的不是贴个局限性的标签或不可疗愈的标签，从而加重来访者或心理咨询师的负担，而是要促进来访者的自我觉察、成长及健康。

心理咨询师利用体验循环可以更好地理解来访者，对来访者的问题有更好的把握，从而可以在当下的场中进行更好的创造性互动。下面是一些可能存在的情形。

- 在**知觉**之前发生阻断的来访者往往无法感知自己的身体感觉或内心感受。在来访者讲述的过程中，如果心理咨询师询问来访者身体感觉或感受，来访者是无法描述的。
- 在**知觉**和**识别**之间发生阻断的来访者往往无法清晰地觉察自己的需求和身体感觉之间的区别。例如，有的来访者在描述一件让人非常委屈的事情时，他感觉自己饿了，而不是感到自己情感上的需求。
- 在**识别**和**动员**之间发生阻断的来访者往往知道自己需要表达的情绪、情感是什么，却体会到另一种感觉。例如，有的来访者失去了亲人，他知道这引起了自己的悲伤，可是来访者却只能感觉到自己的身体像捆住了一样，无能为力。
- 在**动员**和**行动**之间发生阻断的来访者往往会表现出兴奋，却无法采取有效的行动。例如，有的来访者会不断地制订计划，却没有一个计划得以执行。
- 在**行动**和**接触**之间发生阻断的来访者往往无法进入一段深入的关系中。例如，有的来访者会同时推进许多事情，却无法全身心地投入，或者会不断地谈恋爱，却没有一段良好的关系。
- 在**接触**和**吸收**之间发生阻断的来访者往往会永远在追求完美的路上，无法体会满足感。例如，一个人在完成任务的过程中，总想着可以做得更好，却无法顺利地完成任务，或者在完成后，始终自责自己没有做到更好。
- 在**吸收**和**撤回**之间发生阻断的来访者往往会有过度依赖的表现。例如，一位来访者在心理咨询会谈结束后，每次都不愿离开，分离对他来说是件异常困难的事情。

- 在**撤回**和**休息**之间发生阻断的来访者往往不能停下来体会闲暇时光。例如，一位来访者事业很成功，却总是被家人埋怨他不停地工作而忽略了家庭，他自己的感觉却是一旦停下来，就会产生很多担心。

心理咨询师通过与来访者当下的互动，体会来访者的模式中体验循环在哪个阶段发生了阻断，理解来访者问题产生的背景，进而通过创造性的实验，修通阻断，形成新的体验。来访者通过将心理咨询中的新体验迁移至自己的日常生活中，打破自己固着的格式塔，创造并形成新的格式塔。

开始新的接触：感知

怎样开始新的接触呢？来访者来到心理咨询室，心理咨询就像一种新的接触。格式塔取向的心理咨询师首先要做的是让双方感知到彼此的存在。心理咨询师会通过描述让双方尽快感知到彼此的存在："我看到今天的太阳很毒，你大老远地跑到心理咨询室来，满头大汗，你是否愿意告诉我，你此时此刻的感受是什么？你大老远地来到这里，是遇到什么困扰了呢？"在这种邀请、开放、包容的状态下，心理咨询师开始了与来访者的互动。在这个过程中，来访者的表现、表达一定会引起心理咨询师内在的感觉和感受。心理咨询师会把自己的感觉和感受直接、直观地反馈给来访者。

一位来访者开口就着急地告诉心理咨询师："我病了，我得了很重的病，我的家人，我的医生，他们都不相信我，他们都认为我是神经病。你觉得我得没得病？"来访者非常着急，非常苦恼，他特别希望心理咨询师告诉他，他得病了。心理咨询师特别想和来访者有个接触，建立一种良好的关系。在这个过程中，心理咨询师不断尝试引发来访者的思考，但看起来很难。此时，心理咨询师就回到体验循环最初始的阶段——感知阶段。心理咨询师说："你不断地向我诉说你得病了，你的语速特别快，表达也特别流畅，声音特别高，我能感受到你特别着急。此时此刻，我听了你说的这些话，我心里有一点发慌。我不知道你这番话在向别人表达的过程中，其他人的感受是什么。此时此刻，我也有一些无力和无奈，因为我想和你一起探讨、发现一些内容，但我发现你并没有待在这个感觉和感受里，你并没有看到我的这种状态。所以，我此时很无力，我不知道该怎么做。"通常，来访者找到心理咨询师的时候都会觉得心理咨询师是一个有力量、有正能量的人，能够为自己赋能。而在这个过程中，心理咨询师在来访者面前进行了自我开放，坦诚地表达了自己的无力感。当心理咨询师能够真实地自我开放时，来访者也会做到自我开放，他就会和心理咨询师回到当下。如果心理咨询师在开放自己的感知觉时启动觉察循环最基础的部分，就会发现来访者变了。来访者马上说："听你这么说，我心里还有点不舒服，好像我做错了什么，好像我有点着急了，现在我愿意慢下来听听你想告诉我些什么，你有什么想对我说的吗？"心理咨询师说："我对你很好奇，你是否愿意告诉我些什么？"接下来，他们便开始了正常的对话。这就是心理咨询师和来访者建立接触的过程，心理咨询师通过对感知觉体验循环最基本层次的开放，引发了咨访间的对话。

开始新的接触：识别

经历感知接触的第一个阶段后，就需要进入第二个阶段，即识别阶段。在心理咨询的过程中，心理咨询师要识别来访者的内在需要、想表达的内容及语言、身体行为背后的意义等，才能跟来访者建立良好的接触。如果心理咨询师让来访者内心的需要得到满足、以来访者的需要为中心，就会发现咨访接触的困难在一点点减少。心理咨询师试着不断地澄清来访者到底想表达什么，真正的需要是什么？一位来访者表达自己现在非常痛苦，父母得了重病，但是自己目前没有办法去看望他们。因为在来访者小时候，父母没有好好养育他，现在他只要进医院，就会身体发抖。在这个过程中，来访者讲了很多，他说他特别想原谅父母，也知道应该尽孝道，但就是做不到，感觉特别无力。心理咨询师不断识别来访者的需要。后来，当来访者说"他们为什么不养育我，生了我为什么不养育我"这句话时，他痛哭流涕。来访者真正的需要是表达内心中对父母的愤怒，而这种愤怒是积压在来访者内心中的非常重要的情绪。当他将愤怒表达出来时，他的需要得到了满足。很多时候，心理咨询师的非常重要的一个任务就是在接触之前、在跟来访者互动的过程中识别来访者真正的需要是什么。同时，心理咨询师也要帮助来访者卸下防御，卸下阻抗，让来访者呈现真实的自己，表达自己真实的需要，这也是格式塔取向心理咨询师的一项基本功。

开始新的接触：赋能、行动

在心理咨询师识别到来访者的需要后，此时的体验循环是为来访者赋能，即激活来访者的能量，让来访者做一些计划。在这个阶段，很多来访者固着到某些部分。在格式塔体验循环中，作为心理咨询师的你固着到了哪个部分？很多心理咨询师每年都会做很多计划，但实际上什么都没做，可能还会给自己贴上一个标签，说自己是拖延症。当人们感觉自己有拖延现象时，或者不断地在给自己无法执行计划找理由时，实际上是人们的行为受阻了。人们很难迈出这一步，此时，人们的内心被很多固化的观念所固着了，有很多内射的信息在这个部分被固着了。心理咨询师经常会听到来访者表述：其实我想……但是我不能……遇到来访者出现这种语言表达模式时，心理咨询师通常会邀请来访者做一个简单的小实验。

第一点是语言模式上的实验。心理咨询师会让来访者用"我想……但是……"句式造句。来访者就会发现，说"我想……"的时候是感觉自己有力量的，而说"但是……"的时候又把力量撤回了，把能量阻滞了。所以，在这个过程中，格式塔取向的心理咨询师通常会用语言造句的完形模式让来访者看到自己固化的能量、被抑制的模式和生活中的语言模式对自己的影响。

第二点是回归来访者的当下，让来访者体验。心理咨询师会让来访者站起来，在一只脚抬起来往前迈步的时候，让来访者喊出"我想……"但是脚不能落到地面上，然后把脚收回来。让来访者反复体验这种身体的感觉和感受。来访者会发现这样特别累，只是他以前没有感知到，因为他很多时候把自己的感觉和感受屏蔽了，固着到思维的一个中间区域上，就是前面讲的觉察的中间区域部分。当来访者把注意力放到一只承重脚上时，让来访者体验承重脚的感觉，此时，我们往往会发现，来访者瞬间就把脚放下来了。来访者会说好累。这时，心理咨询师会再进行一个小实验，让来访者充分体验累的感觉，然后询问来访者会想到什么？来访者可能会说："我会想到这种撕扯带给我的累，我会想到我其实也很不容易，我会想到……"这种感觉和感受会引发来访者更深层次的觉察。面对拖延症的来访者这样做的时候，心理咨询师都是在不断地给他赋能，让他的能量不断被激活。心理咨询师在这个过程中要帮助来访者看到自己的模式，然后轻轻一推，来访者就从能量激活这个过程中到达了行动阶段。到达行动阶段时，来访者会有一些变化，会愿意表达得更多。来访者从行动到充分接触需要更多能量，更多体验。在生活中，我们经常见到有一种人从行动到接触受阻，也就是前面所讲的从接触到充分接触受阻。

开始新的接触：充分接触、吸收

当进入接触时，心理咨询师和来访者之间进入了一种非常良好的运转关系，两个人在心理咨询过程中不断地同频，双方会有更多发现，更多觉察。很多人在接触的状态里会感觉自己很有力量，但同时内心又看似很焦虑。为什么会是这样矛盾的感觉呢？充分接触的状态是指有机体跟环境已经充分地接触了，已经充分地在一起了。在这个过程中，人们会专注于自己喜欢的一件事、一个人、一个场，所以人们是不觉得累的。在充分接触阶段受阻的人会一直固着在这一阶段，每天都是能量爆棚的状态。就像人们口中经常说的，这个人好正能量，好像每天他都不会累。这看起来是一种好现象，但实际上是他很难消退、撤回。特别是现在很多有焦虑情绪的人，就是固着到了充分接触这一部分，很难让自己的能量很好地释放。还有一些有强迫性进食的人，虽然在不断地吃饭，但他无法得到满足。有些人在不断地跑步，难以停下来，也不能得到充分的满足。这时，人特别像陀螺，在不断地运转……当它转得越来越快时，它自然无法停下来，一旦停下来，就失去了存在的意义和价值。所以，心理咨询师在对这类来访者开展心理咨询时，更多的是帮助来访者看到自己弱小的一面，从而让来访者接纳弱小的自己，这样来访者的焦虑就会降低。经历充分接触阶段后，来访者到达吸收阶段，需求得到满足后，他的能量就开始恢复常态。

开始新的接触：消退、撤回

心理咨询师如何帮助来访者消退、撤回？很多时候，来访者在能量消退的过程中就会进入一种充分休息的状态，也是一种无欲无求的状态。其实对某些来访者而言，这是一种非常好的状态，格式塔心理咨询称之为"无为的虚空"，但是有时候，这种无为的虚空也会给人们带来烦恼。例如，人们在受到重大创伤后，或者患有创伤后应激障碍，或者有过濒死经验的人，他们对任何事情都开始有一些无望、无助的感觉，都没有新鲜感，对生活也不抱什么希望。这类人不再像过去那样奔忙，而是忽然停下来，过无欲无求的生活，活在一种无为虚空的状态里。我们无法判断这种状态的好与坏，很多人认为适合自己的就是好的。当然，也有很多人通过这些事情进入休息的状态时，他们不再对新鲜的事物感兴趣，这也制约了他们跟社会情境的接触。

体验循环中的阴阳平衡

皮尔斯对人在循环中处于平衡的一刻尤为关注，他将平衡点称为零点、创造性的超然点、创造性的空无。在一种宁静的平衡状态中，此时的场是未分化的，图形和背景是混沌一体的，这时就是空、无物存在。皮尔斯曾这样谈空无：我们发现，当我们接受并进入无物、空无时，荒漠开始绽放花朵，虚无开始成为活生生的、丰富的存在，贫乏的空无开始幻化成富饶的存在。

格式塔心理咨询认为，个体内在都是存在极性的。很多时候，人们通过整合自我的两极来克服内在自我的冲突，从而达到机体平衡的状态。如何整合自我的两极，西方的思想在体验循环中并没有给出明确的说明。本书作者尝试在我国的文化背景下结合东方的太极思想与西方的体验循环理论，对此做出新的诠释。

从体验循环的感知觉阶段开始，在需求的强大驱力下，人们的机体会自发地动员能量，以满足自己的需求。在这个过程中，个体从感知到自己的需求开始就会识别出自身的需求，明确需求之后便会动员能量，然后开始行动。在这个过程中，外放的能量呈现一种持续增强的状态，即为"阳"；内存的能量则呈现趋弱的状态，即为"阴"（见图 8.2 ）。

图 8.2　阴阳平衡

在体验循环从接触到休息的过程中，能量从强开始逐渐转弱，即需求得到满足之后便退回到背景中，此时有机体回归到一种平静的状态。从接触、满足到休息的状态，有机体启动的能量在不断地减弱。就像石头投入湖面而溅起的水花和波浪，随着石头的下沉会逐渐变小，直至恢复平静的状态。在人的需求被满足后，向外消耗的能量逐渐回收，呈现一种趋强的状态，即为"阳"。

有"阴"必有"阳"，有"阳"也必有"阴"，当个体阴阳平衡时即为健康。格式塔心理咨询的核心就是通过提升个体的觉察力，进而达到自我内在的平衡，即阴阳平衡。

思考

1. 作为格式塔心理咨询过程中一个非常重要的评估工具，体验循环的优势和劣势分别是什么？

2. 我国的传统文化讲究阴阳平衡，你认为，如何汲取传统文化的养料，丰富诠释体验循环？

参考文献

［1］PERLS F S，HEFFERLINE R F，GOODMAN P. Gestalt therapy：excitementand growth in the human personality［M］. London：Penguin Books，1973.

［2］CLARKSON P，MACKEWN J. Fritz perls［M］. London：Sage Publications，1993.

［3］JOYCE P，SILLS C. Základní dovednosti gestalt psychoterapii［M］. Praha：PORTÁL sro，2010.

第 9 章
极性

对极性的理解

"极性"这个词语往往让初次接触者感到有极端的意味，由此可能联想到一种极为偏执的个性、一件极端恶劣的事件、一门极富美感的艺术……无论从哪个角度解释，这个词语都与人们日常的标准相去甚远。因为人们对生活的理解一般是以平常心作为思考的起点的，所以认为富有极性的生活似乎都只存在于影视作品、新闻报道中，或者是艺术展览馆内。

然而，如果一个人仔细品味生活，便会发现"极性"这种现象十分常见。例如，当一个人想要从冬天的被窝里爬出来时，就意味着要在懒惰与勤奋之间做出抉择。当一个人准备承接一项主持的任务时，就意味着要经历一次怯懦与勇敢的较量。在一段咨访关系中，来访者的情绪会在压抑与亢奋之间起伏。自然界中存在的白天与黑夜、新生与死亡、寒冬与酷暑等一些富有极性的现象随处可见，并以相互对立、相互依存的方式存在。格式塔心理咨询理论中的"极性"表达的便是这种相对性，它存在于部分与整体之中。

"极性"是相对存在的，常以两极化的方式呈现。我国的先驱们很早就创造出独有的文化符号——太极图，以阴阳两极来诠释宇宙万物衍生和覆灭的规律，演绎着"极性"的存在与发展。如今，心理咨询师仍可借用古人的智慧，分析两极相生相克的理念，以及它从古至今对于国人的政治、经济、文化乃至人性发展等方面的广泛影响。

在本章中，"极性"作为格式塔心理咨询中关于两极化概念的体现，更多围绕"人性"这一议题展开讨论，主要涉及理解内在自我的两极化、接触风格的两极化等问题。在评估中使用时，我国的太极文化跟体验循环里接触的方式具有相似之处。当探讨格式塔两极时，会发现很多人固着在自己强大的一面，也有很多人固着在自己弱小的一面。无论个体固着在哪一面，其两极都呈现出不平衡的状态，需要加以整合。

针对极性开展工作

对于自我内在的两极化，皮尔斯提出了一对两极化特质：赢家和输家，以此诠释每个人自我内在的冲突形式。在这个过程中，作为赢家的自我往往表现出强大、占有与排斥的姿态。在接触循环的过程中，人们的能量被激活后，从行动阶段到接触阶段，甚至到撤回阶段，人们都经常会被固着于强大的一极。而作为输家的自我则表现出弱小、无力与被冷落的姿态。在休息时或者在感觉、感受的状态时，人们进入弱小的状态。这两者既相互冲突，又相互依存。

我们可以看到，从知觉阶段到识别阶段再到动员阶段，很多时候人们是弱小的，也就是从休息到能量激活的过程，很多时候人们处于一种抑郁的状态，且通常活在过去。能量被激活以后，在消退的过程中，特别是在接触阶段，人们是强大的，处于焦虑的状态。这可以帮助心理咨询师在对来访者开展心理咨询时做出很好的评估，即在评估的时候先看来访者两极的部分，然后再看来访者在体验循环的哪个阶段受阻，再看来访者具体的抗拒模式和未完成事件，这就是一个相对比较完整的格式塔心理咨询的评估过程。大家可能会问，如果心理咨询师看到来访者被固着在两极上，那么应该做些什么？

在心理咨询工作中，心理咨询师需要帮助来访者澄清两股对峙力量之间蕴含的潜在意义，并让其在接触过程中进行自我的内在整合。例如，一位正准备考研的来访者在心理咨询中不断责备自己懒惰，没能按时完成每天的学习计划，有时候还赖床。同时，他很羡慕那些能够专心复习，每天都能够按时打卡、早睡早起、勤奋复习的人……在来访者的表述中，心理咨询师看到此刻他自我内在的冲突：一个是自律的自我，一个是懒散的自我。这两种不同的声音都指向了来访者自身。所以，不论自律的自我还是懒散的自我，它们之间的冲突与争执，其实都是来访者自我的需要。自律的自我告诉来访者要好好复习，全力备战，为自己能够考出好成绩而努力，它象征的是来访者的期待、希望和骄傲；而懒散的自我则告诉来访者要好好休息，注意身体，希望来访者不要不停地忙碌，不要对自己那么苛责和严厉，希望来访者能够好好照顾当下的自己，它象征的是来访者当下真实的体验和对于自我的呵护。

如同你人生中的千百次挣扎与纠结，这不过是又一次。不过，每次的挣扎与纠结都给予了我们成为自己并为自己负责的机会。慢慢地，挣扎的过程将变得流程化、自动化，我们甚至都意识不到我们在每次撕扯与斗争中的表现对我们的人生将有怎样重大的影响。我只想悄悄地告诉你，这只不过是你内心两极的两个小人儿之间的斗争而已……

——蒂克·齐维杰（Zdravko Cvijetic）

每个人在生活中都经历着这两个小人儿之间的斗争。当一个人心怀期待时，比较就会悄然而立。其比较意识如果持续下去，压抑和不满就容易滋生，进而内在自我冲突的序幕拉开。更无奈的是，内在自我的比较很容易受到情境的影响而变得更复杂难解。那个"别人家的孩子"原本带着激励的意思，却不知何时起被错位地解读，成了孩子们集体排斥对象的代称。

在接触风格上谈到的两极化，是指有机体在与环境接触过程中陷入一种固着的状态。例如，一个人如果在关系中习惯过度听从或控制、很难面对分离，在格式塔的接触模式中，我们便认为他处于融合的极端化表现，即无法接受分离。有这类认知的个体在经历融合和分化时，往往会形成固化，无法保持两极之间的弹性与平衡。与之相关的还有回射与冲动、偏转与接受、低敏感与过度敏感、内射与拒绝、投射与拥有、自我中心主义与自发性等。

将"极性"概念用于解释个体行为倾向的内在结构时，常运用两极化的逻辑。这是很久以来渗透在人们生活各方面的一种二元划分的思维方式，因为大家往往对该思维方式习以为常，以致大家视而不见，或者认为理所当然，也对人们的思维造成了不易察觉的禁锢。

极性的两端通常用两点连成一线来注明，因此人们常认为"极性"之间都是一一对应的，如黑与白、明与暗等。这看起来未免有点单一的符号却蕴含着精巧功能的意味。如果在不同情境中对极性以多种维度看待，或者采用不同的衡量标准，极性的对应关系往往会随之而发生变化，进而演化成立体的结构，生动地呈现出人性的立体性和复杂性，并能帮助心理咨询师对来访者的接触模式做出更精准的评估。例如，在一项身体素质检测中，柔弱对应的是健壮。但在个性品质测试中，柔弱对应的却是坚强。所以，极性有赖于情境。当情境发生改变时，极性的内在倾向也会随之改变。

因此，在心理咨询中，为了更加精准地判断来访者的极性，心理咨询师需要结合来访者的个人背景，深入地了解来访者的极性特质和存在方式，而不能直接套用单一的极性关系。例如，一位来访者总喜欢讨好他人，如果其讨好的原因是担心拒绝他人而被抛弃，那么讨好所对应的另一极性应该是拒绝；但如果他讨好他人后会产生自责（对自我的攻击）时，那么讨好所对应的另一极性则可能是一种对外的攻击表达，即将对自己的攻击转向外部。所以极性的意义需要结合不同的情境赋予即时性的内涵。要想更多地认识极性的结构性，就需要心理咨询师能够建立更多的社会性关联，对不同学科、不同领域都有所涉猎，进而提高自己对极性的认知度。

同时，每个人身上都存在诸多极性特质，不同的极性组合在不同的时期也凸显出不同的主次差异和关联。例如，一名孕妇的身上同时存在兴奋与低落、期待与失望、焦虑与抑郁、放心与担心……这些多样化的极性组合之间同时存在着密切的联系，并且其中一定有在当下最突出的极性冲突组合，即核心图形的呈现。对心理咨询师而言，在处理这些同时存在的极性冲突组合时，需要能够找出来访者当下最急切的冲突部分，以及内在最真实的部分，以便创造良性的工作历程，以帮助来访者做好稳健的自我整合。

美国耶鲁大学毕业的艾琳·萨克斯（Elyn Saks）说自己患了精神分裂症，但是她没有就医，以便治愈自己的精神分裂症，她说自己需要这样。有一次，她在给学生上课的时候精神分裂症发作。她跑到楼顶上，站在楼顶上唱着："我跳下去，你跳下去。"学生看到后吓坏了，叫她快点下来。这时，她面前出现了一个画面：一个长相丑陋的魔鬼说，你跳下来吧，跳下来你就自由了，跳下来你就自由了，跳下来……正当她要往前走的时候，却发现魔鬼身旁有一位非常美丽的天使，那位天使告诉她不要跳。她看到天使非常美丽，所以心生欢喜，开始极力驱赶魔鬼，想让他走开……但是在这个过程中，她发现自己越努力驱赶魔鬼，天使离她就越远。自此她明白了：魔鬼即天使，天使即魔鬼。

在生命中，只有站在阴影里才能看到阳光。格式塔心理咨询告诉人们，无论强大的部分，还是弱小的部分，都是我们生命中必不可少的，而"双椅子"技术可以很好地让我们看到我们生命的完整性。

至于极性产生的原因，它是个体的本能动力在成长过程中因社会化演变而形成的。它的存在彰显了人类强大的生存动能。从发展的角度来讲，如何引导这种力量是心理咨询师的责任。

思考

1. 在心理咨询过程中运用极性的翻转实验时，我们需要注意什么？
2. 请觉察自己内心的极性。你如何平衡内在极性的冲突呢？

参考文献

PERLS F. Gestalt therapy verbatim［M］. Moab, U.T.: Real People Press, 1969.

第 10 章
固着的格式塔

固着格式塔的表现

格式塔心理咨询是帮助个体实现其自我不自觉部分向自我自觉部分转变的过程，个体不自觉的部分称为固着的格式塔。固着的格式塔指向的是个体潜意识状态中无法自知的部分。这部分往往极具惯性，是在未经觉察状态下的重复性表现。这种表现可以体现在认知层面、情绪层面和躯体行为层面。具体而言，认知层面的固着是指个体遇到某类事情会采用某种固定的思考和应对模式（在认知疗法中也称其为自动化思维或核心信念）；情绪层面的固着是指个体容易被激活某种情绪并陷入其中；躯体行为层面的固着是指个体带有躯体行为障碍的一些症状表现等。

一位来访者告诉心理咨询师，有时候她会感到头脑混乱，不能控制自己的情绪，向亲人发脾气，为此她感到不知所措。在工作中，她又极力做到一切完美，且善待下属，尊重领导。她希望自己在他人眼里是一位积极向上的女性，因此她总是保持微笑。但她的内心很痛苦，她告诉心理咨询师，她快要疯了，她讨厌自己，觉得自己很虚假，无法自拔……

心理咨询师：看起来你陷入了深深的自责，你低着头，我坐在你面前感到深深的无力，看上去似乎并没有好的解决问题的办法，是吗？

来访者：是的，是的，你说的都对，太对了，那我该怎么办呢？

心理咨询师：我很好奇，作为心理咨询师，我澄清了你内心的状态，你告诉我，现在你心里是什么感受？

来访者：我高兴啊，我想解决问题。

心理咨询师：事实上，我并没有看到你的高兴，我看到更多的是你的着急。

来访者：嗯……

心理咨询师：我现在邀请你闭上双眼，体验内心兴奋与着急的冲突……

心理咨询师仔细观察来访者所呈现出来的状态，刚刚紧绷的身体有了变化，她的身体放松下来，呼吸变得慢了，身体向后靠了一下，双脚放平，脸上露出了微笑……

当心理咨询师与来访者一起面对心灵的困境时，心理咨询师所能做的就是帮助来访者"允许真实的自己""善待真实的自己"。要知道，来访者"固着的模式"源于早年的未完成事件或创伤，当心理咨询师能够与来访者发现这种模式，其实已经是一件令人开心的事情了。请相信"看到"是"变化"的前提，心灵的世界从此变得不同。

这些固着的格式塔在当下看来似乎都是阻碍自我成长与突破的屏障，但它们在诞生之初都是个体面临那时那刻情境的挑战时所创造的应对方式，在格式塔的理论中，我们称之为创造性调整。例如，一位母亲因为一场交通事故失去了自己的孩子。面对突发事件的那一时刻，这位母亲会坚决否认这个事实，她不相信自己的孩子已经死去。这种反应在格式塔理论中并不会被简单地归结为逃避事实，而是被视为她对孩子的厚重之爱。在面对这一突发事件的当下，承认事实结果可能会使她无法承受这种毁灭性的情感打击，从而陷入更大的危险中。所以，在事件发生之后的早期阶段，这种创造性调整的意义在于帮助个体应对当时情境带来的危险。但若这种应激性的调整在事后无法消退，那这位母亲在一段时间之后，依然坚信自己的孩子还活着，不愿面对现实。这种适应方式固化下来，就是固着的格式塔。我们从应激调整方面认识固着的格式塔，是不希望大家给这个概念本身贴上负性的标签，而是更全面地了解这个概念所具有的整体性意义。

对固着格式塔的解读

固着格式塔在认知层面、情绪层面与躯体行为层面的表现看起来似乎各不相同，但三个层面之间往往相互影响、相互关联。例如，如果秉持"好人有好报"信念的人看到做好事的人遭受不公待遇，便会比常人表现得更愤恨，这种情绪可能会使他采取比常人更激进的行为。情绪容易低落的人对周围事物的认识往往习惯于采取消极的态度，这会使他身边的朋友为避免自己被传染消极情绪而疏远他。他可能会因此陷入更加孤立无援的状态中，从而采取更多消极的行动，以逃避现实。同理，如果一个人不管遇见谁都是一副凶相，这样的行为会让他人因感到畏惧而不愿意和他交流。这会使他因为外在反馈而对自我的评价发生改变，从而影响他的心境。这些是我们较易发现的固着的格式塔。对于这类固着的格式塔，格式塔心理咨询理论有丰富的解读，对此我们将逐一进行探讨。

首先，依据**图形与背景理论**理解固着的格式塔（图形与背景理论来源于格式塔心理学中的知觉研究）。图形是个体知觉形成的部分。图形来源于背景，与背景之间又可以相互转化，这是图形与背景之间良好的动态关系。固着的格式塔会在图形的形成过程中干扰其形成。例如，焦虑障碍患者往往无法从背景中知觉形成一个完整的图形，他会在形成新图形的过程中又跳转到下一个图形，不断切换却无法知觉完整的图形；或者在形成新的图形后，旧图形无法退回背景中。曾遭受应激创伤的人群往往深陷于曾经的事件中无法脱离，这就是创伤图形的固着，因为旧图形无法退回背景中，所以不断地影响着个体对新图形的知觉能力。所以，图形与背景理论对固着的格式塔的解读主要源于图形的形成与消退所造成的问题。

在心理咨询的案例督导里，一位心理咨询师发现来访者不能很好地与她建立关系。在整个咨询过程中，心理咨询师都非常努力，她运用了很多技术，一直试图共情与同理来访者，但来访者反而离她越来越远，心理咨询师感到有些挫败。如何看到来访者的内在需要，如何精准觉察来访者的心理状态，这是心理咨询师的基本功，但很多心理咨询师恰恰对此重视不足。督导师给心理咨询师做了这样的比喻："我希望你看到我长长的头发，而你指着我说，我看到你脸上长痘痘了。"因为你所看见的并非来访者期望被看见的，所以无法让咨访关系中的能量产生流动，反而让能量固着。心理咨询师可以尝试发现被格式塔固着的背景，而不是急于确定工作的图像，更不是一味地试图证明心理咨询师所看清楚的那一部分。这就像大家共有的常识，往往你以为的并不是你以为的。体察和顿悟来自当下的接触与觉察，也来自你我的边界与差异。

其次，从**接触风格和极性的角度**解读固着的格式塔。带有固着的格式塔的个体，在接触风格上往往易陷入某一极性的接触模式中，无法进行机动灵活的切换和调整。例如，若一个人习惯于采取融合接触模式，则在关系中会以过度讨好或过度控制的方式消融彼此的边界。不论我吞噬了你，还是你吞噬了我，最终的状态都将是失去边界，失去自我，最后陷入你我不分的境地。处在热恋中的男女很多时候就处于彼此融合的状态。固着于融合接触模式的人很难面对分离。当他们在接触模式上固着于极性的一端时，便失去了平衡极性的能力。这就如同在天平的一端加上了全部砝码，那么剩下的一端便空空如也，天平自然无法回归平衡，自我的内在也就陷入了失衡状态。

再次，从**体验循环的角度**理解固着的格式塔。带有固着的格式塔的个体意味着其体验循环的某一阶段受阻，无法顺利或完整地进入下一阶段，即个体内在需求动力的流畅性被打断。当需求无法被满足，动力无法被释放时，个体便陷入这种试图不断补足的状态中，而无法投入新的需求开启的体验循环，即使勉强进入新的体验循环，也总是在这一阶段反复受阻。例如，一名学生不论考出多么好的成绩，总是无法得到父母的认可，反而被不断挑剔，觉得这里不该犯错，那里可以更好……久而久之，当他长大以后，不论他取得多么高的成就，他心里依然无法感到开心。因为在这之前，他不论付出多少努力，得到的反馈都是父母对他的不满。所以，在体验循环的满足阶段，他深深地固着在曾经的那种不满情绪中，而长期难以感到满足。

最后，从**觉察的角度**理解固着的格式塔。固着的格式塔包括内部区域的固着、中间区域的固着和外部区域的固着。内部区域的固着表现在个体习惯于陷入自己的情绪状态中，表现为感受性极强，却缺乏中间区域的理性认知和评判，容易感情用事。中间区域的固着表现在个体超理智的思维，对一切事物都习惯于理性分析，就事论事，缺乏感性体验。在人际交往过程中，个体往往较难做到换位体验和情感支持。固着于外部区域的个体习惯于依据自己的察言观色而采取行动，但容易缺乏对事物的判断和评估能力，也容易轻视自我的需求。

若要给固着的格式塔一种统一的解释，那就是回归未完成事件本身。不论图形与背景的转化，还是接触风格中极性的失衡，抑或体验循环的阻断，抑或觉察的固化，它们最终所指向的都将是一系列诱发事件本身，即未完成事件。回归未完成事件本身是格式塔心理咨询最终关注的部分。

本章重点讲解了固着的格式塔概念本身的整体性意义，让固着的格式塔在极具创造性调整的当下，也在时间的维度中成为固着的过往。我们生活在一个创造性调整与固着性适应并存的空间内，如何看待和理解固着的格式塔带给个体生活的意义，是每位格式塔取向的心理咨询师需要重点关注的课题。下面给大家介绍一个有趣的案例做补充。

来访者坐下后，没有看心理咨询师，而是低着头，开始了自己的叙述……他大概讲了近 20 分钟后，心理咨询师打断了他，将他刚刚表述的内容做了一个澄清，并给予他一个现象学的反馈："我看到你一直低着头，眼睛看着前方的地板，说话的速度很快，呼吸也很急促，一句话没说完就接着说下句……"没等心理咨询师说完，来访者立刻打断了心理咨询师："是的，我很着急，我想给你说清楚……"

"嗯，我看得出来你很着急，我听到你不断地向我强调，你在他人眼里是多么的优秀，你什么都不缺，但就是快乐不起来，是这样吗？"心理咨询师看着眼前的来访者问道。

来访者听到心理咨询师的反馈后，低下的身体微微抬起，目光开始从地板上移开，转向心理咨询师，然后点了点头。心理咨询师向来访者发出了一个小小的实验邀请："你试着放松，放慢语速，跟着我说，'在他人眼里我很优秀'。"来访者试着重复："在他人眼里我很优秀，在他人眼里我很优秀……是啊，在他人眼里，在他人眼里……"来访者开始显露情绪，流下眼泪……

在心理咨询结束后，来访者跟心理咨询师说："今天我终于发现，原来这些年我活成了他人需要的样子……"

皮尔斯在 1969 年出版的案例集里提到一句话，大意是"很多人把自己的生命奉献给了他应该的样子，而不是实现他真实的自己"。"自我实现"和"自我形象实现"有着本质的区别，前者为自己而活，后者为他人而活。

此时此刻，请告诉我，你在为谁而活？

思考

1. 文中从多个角度解释了固着的格式塔这一概念。结合自己的经验，你如何看待这句话？

2. "很多人把自己的生命奉献给了他'应该'的样子，而非实现他'真实'的自己。"结合自己的生命历程，阐述对这句话的看法。

参考文献

［1］PERLS F, HEFFERLINE G, GOODMAN P. Gestalt therapy［J］. New York，1951，64（7）：19-313.

［2］JOYCE P, SILLS C. Skills in gestalt counselling psychotherapy［M］. London：Sage Publications，2018.

［3］PERLS F S. Gestalt therapy verbatim［M］. Highland，N.Y.：The Gestalt Journal Press，1969.

第三篇

技能篇

第 11 章
心理地图

　　针对未完成事件开展工作是格式塔心理咨询的核心，而心理咨询师帮助来访者寻找未完成事件所借助的工具正是心理地图。正如地图的作用是用来指引方向一样，心理地图的作用也是用来为心理咨询指引方向的，让心理咨询师可以帮助人们寻找内在真实的过程。犹如大树成长有一圈又一圈年轮加以记录一样，人的成长也会留下痕迹。对于这些痕迹，个体会以其特有的语言风格、行为方式和信念价值等形式在当下向外呈现。通过对这些痕迹的捕捉与探索，心理咨询师可以将在时间轨道上发生的一系列事件有序排列出来。心理咨询师通过这些呈现出来的线索，探索其中隐含的情感需要，进而找出引发来访者问题的初始事件和个体内心深处最真切的需求。

　　一位女职工在面对男性领导时总会产生一种莫名的抵触情绪，会变得急躁易怒。这种情形反复出现，不仅影响了她的工作效率，也影响了她与同事的关系。为此，她感到十分费解和无奈。在心理地图的引导下，心理咨询师陪伴她从当下最近的事件向前追溯，直至唤起她更久远记忆中与父亲的相处情景，逐渐梳理出这种相处模式并形成脉络，找到埋藏在记忆深处的那个初始事件。

　　心理地图帮助心理咨询师从当下显露的痕迹开始，按照时间顺序由近及远，逐步呈现出来访者内在冲突的脉络，通过这些线索追踪至来访者早年最核心的初始事件。在心理咨询的过程中，心理咨询师通常借助"三维一体，精微觉察"等技术找到进入来访者心理地图的入口，一步一步地以精准的方式探索来访者的过往。

引用心理地图开展工作的方式

图 11.1 是心理地图的示意图。首先在最内层的圆圈里写上来访者的姓名。在圆圈的外面，再画一个圈，从来访者最近的事件开始描述。描述的内容便是依据心理地图的脉络，包括时间、地点、人物、事件、态度和感受（情绪）六大要素。然后以感受为桥梁进一步向外拓展，以同样的六大要素对更早的事件加以梳理，以由近及远的时间顺序依次呈现相似的事件。心理咨询师通过心理地图呈现的线索，探寻引发当前困扰来访者的核心未完成事件。在描绘心理地图的过程中，心理咨询师一定要就每个要素和来访者进行充分探讨，这样才可以让事件本身得以充分呈现，从而会更自然地衔接到下一个事件。这样不断地循环探索，直到最后形成一个立体的、丰满的心理地图。

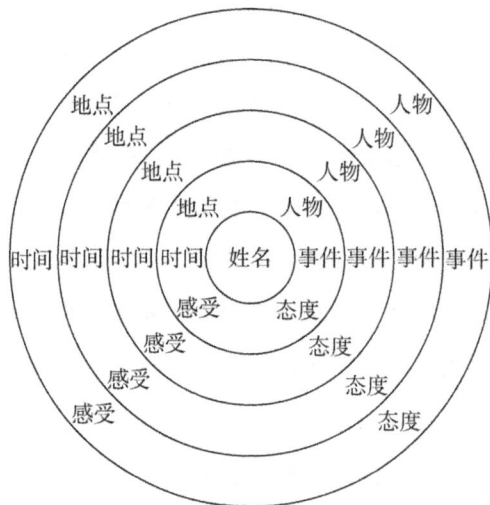

图 11.1 心理地图的示意图

在心理咨询中，心理咨询师会寻找来访者的诱发事件，也就是最近在来访者生命中有什么令他困扰的事件。例如，在概念化的过程中，心理咨询师和来访者经常会探讨：问题为什么是现在出现了？最近什么原因引起的？什么事件引起的？

来访者：最近非常心烦的一件事情，或者说忽然感到情绪有变化的一件事情，就是跟老板吵架了。老板每天都会在那个地方逼着我工作。我觉得我已经很努力了，但他依然会说，你看你干这个也不行，干那个也不行；你这个人真的情商低，你应该……被老板这样说，我心里很难受，也很愤怒。我总会想，他凭什么这样说我啊，他让我的心理状态非常不好。

心理咨询师：这是什么时候发生的，白天还是晚上。

来访者：具体的时间记不太清楚了，我记得大概是……

心理咨询师需要分清广义的时间和微观的时间：广义的时间通常是指某个年代、某个时段、某个季节；微观的时间要聚焦到白天、早上和晚上等。

心理咨询师：这是发生在哪里的事情？

来访者：发生在我的公司。

从系统论的角度来看，如果事件发生地是来访者经常出现的地方，那应该是一个中环境。地点描述可以尽量详细一点：是在公司的办公室里，还是在公司的楼下，或者在广场上；是空旷的场合，还是密闭的空间。这些都是有心理意义的。之后，再加入人物。

心理咨询师：人物是你的谁啊？你愿意描述一下吗？

来访者：我的老板啊。

心理咨询师：你可以做一些客观的描述吗？比如，多大年龄，是男是女这类的，再做一些主观的描述，如你的老板是一个什么样的人。

来访者：我的老板是一个很小气的、不拘小节的人，心地不够善良，脾气不好……

心理咨询师：可以描述一下具体发生了什么吗？

来访者：我没有按时完成工作，我觉得我自己已经很努力了，但是我的老板呢，他说我这个做得也不好，那个做得也不好。我的老板他在冤枉我，他在指责我，所以让我心里很难受。

心理咨询师：你对这件事情的态度是什么？

来访者：我很厌恶，我很讨厌，我想逃离。我觉得我自己不够好，非常自责。

心理咨询师：这让你产生了什么样的情绪呢？

来访者：我很难过，也很愤怒。

这就是事情发生的时间、地点、人物、事件、态度和情绪六个维度。至此，我们就完成了心理地图第一圈的探索。

心理咨询师：是否有似曾相识的感觉？或者说这种感受、态度让你想到就近或以前发生了哪些事情？（将探索扩展到心理地图的第二圈）

来访者：你这样一说，我又想起了两年前刚刚工作的时候，我的一位主管。他虽然不是我的老板，他也是一位男士，比我大不了几岁。有一次，在工作中，他也说我干这个不行，干那个也不行。我就觉得很委屈，我觉得我也很努力了。

再从时间、地点、人物、事件、态度和情绪六个维度让来访者进行描述。

心理咨询师：看看你刚刚讲的这两个事件，在你成长的经历中，好像都有委屈，都有难过，好像都不被别人理解，你是否愿意讲一讲这种心理状态，还有类似的吗？（将探索扩展到心理地图的第三圈）

来访者：我忽然想到我大学的辅导员。我在跟他相处的过程中，一开始我非常信任他，后来我做了很多工作，但是一直得不到他的认可。当时他推荐我入党①的时候，也没有给我很好的支持，就因为这个，我大学也没有入党。而

———————————

① 文中所说的入党，指的是加入中国共产党。——编者注

且，我觉得我干了这么多工作，我这么努力，可是他依然觉得我不够好……

再从时间、地点、人物、事件、态度和情绪六个维度让来访者进行描述。

心理咨询师：你是否愿意给我讲一讲在你的成长经历中还有类似的事件吗？（将探索扩展到心理地图的第四圈）

来访者：你这样一说，我忽然想到我上初中的时候，我的老师说我没有写作业，但实际上我写作业了。他还当众羞辱了我，我心里特别难受。这件事情好像一直都在我心里面，让我没法跟人好好沟通……

再从时间、地点、人物、事件、态度和情绪六个维度让来访者进行描述。

心理咨询师：非常好，你讲了这么多，我看到好像每一起事件都有相同的部分，还有吗？（将探索扩展到心理地图的第五圈）

来访者：你这样讲让我想到了小时候。小时候跟爸爸一起的时候，爸爸曾经说我干什么都不行，这孩子废了。

再从时间、地点、人物、事件、态度和情绪六个维度让来访者进行描述。

在绘制心理地图的过程中，心理咨询师将来访者在不同阶段看似毫无关联的事件加以串联，它们之间的联系便开始显露出一定的规律性。这些规律性可能表现在许多方面：（1）时间方面，例如，有些人对于季节变化十分敏感，可能在每年的春季开始无缘由地情绪低落，更容易陷入抑郁状态中；（2）地点方面，例如，有些人只要待在封闭的空间里，就会感到紧张、焦虑，并想要逃离；（3）人物方面，例如，有些人只要面对领导，便会显露出厌恶和排斥的心境和行为；（4）事件方面，例如，有些人在面对同一性质的事件时，便会产生相同的反应，如对亲密接触的恐惧、对电话的恐惧等；（5）在某一特定态度和情绪下引发的一系列行为。它们的"扳机点"都具备一定的相似性和关联性，这种规律如果因无法被打破而影响个人的工作与生活，那么称其为固着的格式塔。

在这个过程中，心理咨询师并没有急于解决来访者的问题，而是利用心理地图转向对来访者自我的探索（接触自我、体验自我、觉察自我和发现自我）。来访者通过心理地图呈现出自己的模式，对自我的状态有更多的认识，从而能更完整、更直观地感受自己的成长历程，发现自己是如何从过去的自己一步步地成为现在的自己的。

人们常说时间可以疗愈一切，但在格式塔心理咨询的视角下，固着的格式塔如果不被打破，有些创伤是无法得到疗愈的，而是会伴随人的一生，并很容易在无法掌控的环境中被激活。曾有一位来访者告诉心理咨询师，在她的大脑里总会有一种闯入性的思维：她总会担心自己或朋友发生意外或不好的事情。她虽然能够意识到这些想法是不必要的，甚至是荒谬的，也力图把这些想法从脑海中驱赶出去，但事实上她无法自由控制这种想法。心理咨询师问来访者："产生这些想法时，你有什么感受？"来访者回答："我感到特别恐惧和害怕。"于是，心理咨询师与来访者静静地交流，用心理地图找出了来访者的未完成事件。原来，在来访者小时候，父亲常常在出门时把她一个人留在家中。因为当时年龄尚小，她总处于担心父亲回不来的恐惧和担忧中，而且来访者从未对其他人表达过这种恐惧和担忧，一直将它们压抑在潜意识里。很多年过去了，最近因为学习与生活的压力增大，恰巧前不久她又目睹了一位朋友从楼梯上摔下来，于是这份早年被压抑的恐惧被再次激活……

心理地图的作用

心理地图具备清晰的引导框架和便捷的操作方式，是一种高效的自我探索工具。心理地图在技术形式上与图式治疗很相似，但是比图式治疗更加流畅。格式塔心理咨询运用心理地图技术寻找核心的未完成事件，通过一个就近的事件，然后一圈一圈地向外扩展到探索来访者整个生命成长的历程。在这个过程中，心理咨询师并不是简单地让来访者把 0～3 岁、3～6 岁、6～12 岁、12～18 岁及 18 岁往后的整个成长历程中的重大事件和生命历程叙述一遍。如果按照年龄逐步陈述，来访者通常像在叙述流水账一样。当然，这样的人口学资料的收集是在普通情况下心理咨询师与来访者一起工作的过程中的必要组成部分。而心理地图的第一个优势就是克服了收集人口学资料过程中的无序性和无结构性。心理咨询师运用心理地图技术可以很好地帮助来访者从不同的维度认识自己，也让收集人口学资料和成长经历的过程更加具有结构性。而且，心理地图更好地做了相关维度上的分类，具有针对性，更有利于心理咨询师对来访者问题的了解、澄清与发现。而且心理咨询师在每个阶段都可以叠加使用格式塔心理咨询实验设置的方法，从而引发来访者的自我觉察和自我联想。这样，来访者会一层一层逐步深入，终至找到生命中重大事件和固化的一些模式。同时，也可以让来访者在表达情绪的过程中不断地促成自我觉察。这些也有助于心理咨询师进一步开展心理咨询工作，而不是让来访者就成长经历而谈成长经历。在心理咨询前期，心理咨询师通过心理地图来了解来访者的信息资料，借助心理地图进行框架性梳理，进而帮助来访者看到自我固着的格式塔，并最终发现核心未完成事件，使心理咨询更加精准而有效。在日常的心理咨询工作中，心理咨询师若能够熟练运用并充分体验这一工具带来的觉察与发现，将会拥有更为敏锐的觉察意识和觉察力。

使用心理地图的注意事项

需要特别注意的是，在这个过程中，很多来访者会谈到原生家庭，谈到生命中的重大事件，可能会因此呈现一些情绪。当心理咨询师和来访者没有建立良好的、稳固的同盟关系时，特别是在心理咨询刚刚开始的阶段，如果来访者呈现出情绪，心理咨询师不要急于针对来访者的未完成事件开展工作。很多时候，来访者也会有自己的防御，那是种对自己的保护，因为他们还没有准备好，可能内心深感恐惧。未完成事件在心理咨询中是一个重要的突破，往往也会使很多新手心理咨询师过早地进入未完成事件的工作步骤，其结果可能事与愿违。所以，在这个过程中，心理咨询师一定要评估与来访者的关系。在前几次访谈的时候，如果来访者呈现出情绪，心理咨询师只要让他的情绪表达出来，给予一些共情即可，不必做其他干预。处理未完成事件通常需要在比较稳定的心理咨访关系中开展。如果来访者还处于观察和建立信任关系的阶段，那么他面对的是一个自己尚不能完全信任的人，又怎肯向其袒露自己的心声。

当建立稳定的咨访关系后，心理咨询师需要跟来访者探讨其固化的模式。在这个过程中，来访者常常会从自己的情绪中跳出来，转而跟心理咨询师分享事情并加以探讨，也就是从情绪部分跳到认知部分。心理咨询师在这一过程结束时一定要做个总结，让来访者看到自己心理地图中所呈现的模式。从过去的自己成为现在的自己，来访者可以惊奇地发现不同事件在每个维度上都会有一些相似、相通的地方。例如，在时间维度上，这些相似的事件总会发生在某个特定的时段。在地点维度上，这些事件可能总会发生在封闭的空间，或者总会发生在空旷的空间，如患有幽闭恐惧症者或患有广场恐惧症者。心理咨询师会在这些部分多提醒来访者。在人物这一维度上，这类人物具有共同的特点，例如，总是权威性的，或者总是男性、脾气暴躁的，等等。来访者对这样的人物具有相对刻板性的认识。在态度方面，很多时候来访者呈现的是他的一种模式，如总是自责或内射等。在这个部分，心理咨询师会看到来访者的接触模式。在情绪方面，心理咨询师会发现，遇到这类事情的时候，来访者总会感到伤心、难受、委屈或愤怒。在事件方面，心理咨询师可能会发现，总是一些分离事件、冲突事件等，虽然事件不同，但它们都有相似之处，所以心理咨询师把这些相似的部分全部呈现出来，一点一点地把这些碎片化的东西做一个整合。

皮尔斯曾经说过，格式塔心理咨询就是把来访者呈现的碎片化的内容一点点拼凑完整。其实心理地图就可以让来访者感受到自己成长历程的完整性，也会让来访者发现自己如何从过去的自己一步步地成为现在的自己。当来访者看着满满的一张纸上画出的心理地图时，通常感到很惊讶。来访者可能会说：

"真没想到原来是这样的，原来我对老板的这些怨恨和情绪，恰恰是由我小时候对爸爸的不满造成的。"或者说："真的没有想到，看来我现在对孩子的这种愤怒，原来是小时候我爸爸对我的要求。"当来访者谈到对自己有了新认识、新觉察，这说明来访者已经踏上了自我疗愈的旅途。此时，疗愈已经开始，来访者的觉察力也不断提升。

思考

1. 请运用心理地图技术尝试开展自我探索。

2. 在运用心理地图这一技术时，我们常常将哪个维度作为深入探索的桥梁？

参考文献

YOUNG J E. Schema therapy：a practitioner's guide［J］. American Journal of Psychiatry，2003，160（11）：2074-2075.

第 12 章

实验

谈到实验，大家可能会有疑惑，因为心理咨询似乎对实验并没有多少论述。但提起空椅子技术、角色扮演、意象表达，大家是很熟悉的，而这些在格式塔心理咨询中就总称为实验。实验是格式塔心理咨询中非常重要的部分，它帮助来访者回到此地此刻，提高觉察力。大家比较了解的一些常见心理咨询方法（技术层面）有沙盘疗法、绘画和舞动等。在心理咨询中，心理咨询师很多时候会让来访者画一幅画或摆个沙盘，然后就结果分析来访者的心理状态。格式塔心理咨询在类似这样的实验设置上却有着完全不同的工作理念和工作路径，这也是格式塔心理咨询的独特之处。

实验的步骤

曾有一位模特来访者，身高 1.72 米，体重却只有 70 多斤，看上去非常消瘦。来访者第一次来到心理咨询室的时候就直接问："我需不需要摆个沙盘或画一幅画？"原来，来访者之前已经向多位心理咨询师寻求过帮助，对很多心理咨询技术都有些了解，但情况并没有发生太多变化。来访者既然喜欢画画，心理咨询师就顺势邀请她画一幅房树人的画。大家可能会觉得奇怪，这不是绘画疗法中的常用方法吗？不错！这是绘画疗法中的技术。但在很多时候，房树人的画被用作评估和诊断工具，以使心理咨询师解读个体的心理投射情况。因此，这位来访者按之前的经验，画完房树人后直接开始分析自己的作品。

来访者：这树上有一个伤疤，代表我的创伤，树干没有根，这代表我……这房子没有窗户，说明我非常封闭……

来访者俨然一位专业的心理咨询师一样，分析得头头是道。而心理咨询师开始了格式塔心理咨询中的实验。心理咨询师邀请来访者看着这幅画，看着画中那位消瘦的女性。

心理咨询师：你是否愿意告诉我，当你看到这位女性的时候，此时此刻你身体的感觉是什么？内在的感受是什么？

来访者：我有一种说不出来的感觉，我感觉我就是她。

心理咨询师：当你说感觉你就是她的时候，这恰恰不是你的感觉，只是"你觉得"而已。我还是想请你回到你的感受上，当你觉得你就是她的时候，告诉我，你内在的感觉和感受是什么？

来访者：我说不出来，这对我好像有些困难。

心理咨询师：不着急，慢慢来。此时此刻，你可以闭上双眼，体验你就是这位女性。

心理咨询师发现，来访者的身体开始有一些抖动，说话也开始断断续续的，看起来有些紧张。

心理咨询师：此时此刻，你的感觉是什么？

来访者：我有些害怕，也有些恐惧。

心理咨询师：好，你此时此刻感到了恐惧和害怕（复述），你有没有看到你的左边有一栋房子，这栋房子没有窗户。

心理咨询师就这样尝试着让来访者进入画中，去体验、觉察自己真正想要表达和体验的部分。最后来访者有了新发现，特别是当她待在画中那栋房子里时，她看不到任何亮光，也看不到外面。因为房间没有窗户。来访者感到恐惧和害怕，感到特别需要被救赎。

心理咨询师：大声说出自己的需求，你想让谁救赎你，可以大声喊出这个人的名字。

来访者紧咬着双唇，一句话也不说，但开始流眼泪。心理咨询师引导来访者试着放松，说出她想说的这个人的名字，想象这个人。随着来访者喉咙逐渐放松，她的眼泪越来越多了。

来访者：你改变了我对传统心理咨询的认识。之前，当我画完一幅画，我的心理咨询师都要评估这幅画里的房子代表什么，树代表什么，每部分代表什么，反映了我心理的什么状态。而你并不是做分析和解释，你让我进行了体验，让我感受到很多自己和以往不同的地方，而我也因此对自己有了新的发现。

类似上述案例在日常工作中很常见。在传统的心理咨询或比较经典的心理咨询中，心理咨询师会对来访者的隐喻部分进行分析并给予解释。而现代心理咨询，特别是格式塔心理咨询，更多地采用体验和觉察等方法，让来访者对自我有更多的发现，如让来访者成为画中的一部分。成为画中的自己不断地觉察和体验的时候，来访者的变化自然就产生了。这就是格式塔心理咨询的实验，是一种顺势而为、水到渠成的方法和技术。

我国心理学界的胡佩诚老师曾经说过，格式塔心理咨询是一种高级的咨询方法。高级在哪里呢？它不仅让来访者了解自己收获了什么，理解自己觉察到了什么，领悟自己发现了什么，而且让来访者对自己在当下的部分有了更直接而深刻的认识。这不是分析和解释所能得到的。而这对心理咨询师是有一定的要求的，你是否愿意陪伴来访者进行这样的实验，而不是仅仅让来访者摆个沙盘，画一幅画，然后心理咨询师进行分析；或者让来访者拿来一把椅子，说这就是你最痛恨的那个人，你把自己内心的情绪表达出来吧。如果大家这样理解格式塔心理咨询中的实验，理解格式塔心理咨询中的空椅子技术，那么就误解了格式塔心理咨询。格式塔心理咨询不仅是一种技术，而是深深地植根于现象学的存在主义哲学，心理咨询师在关系中产生对话。而技术只是临床咨询的一种衍生品，对其使用要符合现象学，也要顺其自然。

一位来访者把自己捂得严严实实的，只露着两只眼睛，心理咨询师将暖风开到最大，来访者依然不为所动，他的目光一直处于游离状态……心理咨询师试着用语音、语调、语气唤起来访者的注意，试图让来访者脱掉厚厚的外衣，但这个实验失败了……

在格式塔心理咨询中，如果你已经知道了实验的结果，那么就不再是实验了。当心理咨询师放弃了改变来访者的想法时，来访者开始偷瞄心理咨询师。"我发现你在看我，是吗？"心理咨询师顺势邀请来访者看着自己的眼睛，显然来访者是回避目光接触的。来访者告诉心理咨询师，这让他感到不舒服。心理咨询师与来访者一起体验这种不舒服，沉浸在感觉滞留中，和来访者一起感受呼吸，感受身体，感受情绪。这时，来访者渐渐松弛下来……此时此刻，心理咨询师和来访者一起共创了"之间"，他们有了真实的接触。格式塔心理咨询实验设置的最终目标是探索接触现象，重点是来访者和心理咨询师当下的体验。本次心理咨询中的两个实验，一个是带有目标和答案的，已经脱离了现象学；另一个是偶然间接促成的，是心理咨询师和来访者共同创造的。

格式塔取向的心理咨询师绝不是为了实验而实验。心理咨询师对实验的使用、设置也是基于"改变的悖论"，它是格式塔心理咨询中非常重要的核心概念。阿诺德·贝瑟（Arnold Beisser）是一位非常著名的格式塔取向的心理咨询师。1970 年，他写了一篇名为《改变的悖论》的文章，大意是说当一个人想成为某人时，他成为不了某人；当一个人成为某人时，他就成了某人。当人们做很多刻意的改变时，改变往往不会发生；当人们真正接纳了改变的存在，真正接纳了自己当下的这种存在方式时，改变自然而然就发生了。心理咨询师要牢记：心理咨询中要遵循的非常重要的特点和观点就是，实验不是为实验而实验的，不是故意的、刻意的一种设置，而是随着心理咨询历程的发展顺势产生的。这也需要心理咨询师对来访者有敏锐的觉察力和观察力，需要心理咨询师对来访者心理问题评估和概念化的过程有更多的了解，这样实验才能顺势产生。不论放大技术、空椅子技术、重复技术、角色扮演，还是梦工作，这些就像百宝箱中的多种工具，在那一刻，心理咨询师会瞬间找到适合来访者的工具，从而让来访者有更深刻的觉察和领悟。这就是格式塔心理咨询的魅力所在，也是格式塔心理咨询最难的地方。

克里弗兰格式塔治疗研究院的创始人之一辛克，是一位家庭取向的格式塔心理咨询师，也是一位团体取向的格式塔心理咨询师，他提出了很多新的观点，对格式塔心理咨询有独特的贡献。他认为，格式塔心理咨询是科学、艺术与技艺的融合，使用起来有一种特别的美学表现效果。格式塔心理咨询中的流畅、动力和美感都是顺势而为、顺其自然发生的，没有任何刻意的成分。因此，希望大家能够理解格式塔心理咨询中实验设置的第一步就是在使用中做到**不为实验而实验**。

心理咨询师什么时候使用实验，怎样抓住一个瞬间和当下嵌入实验呢？这需要心理咨询师识别实验的主题、识别来访者的需要、识别实验的风险，最终才能实施实验。

假如一位来访者站在你面前并告诉你："最近我心里特别难受，我不想见任何人，我感觉我的大脑像是会爆炸一样。我似乎感觉我的脑袋上顶着一个厚厚的头盔，它让我的大脑无法呼吸，无法接触外面。"当来访者这样表达时，心理咨询师首先需要识别来访者所说的这段话对他而言意味着什么。怎样理解这个"头盔"，怎样理解来访者"大脑像是会爆炸"的这种状态，怎样让来访者待在这种状态里体验这一部分的存在。所以，心理咨询师可能会试着让来访者具体描述一下："你刚刚讲像个头盔一样，你是否愿意就这一部分多说一些呢？比如，这个头盔的颜色、头盔的重量、头盔的质地。"心理咨询师越注重细节，就越能帮助来访者待在这个实验中，体验当下的情况。当然，也有的来访者会说："我就觉得像一个头盔一样而已，其实有的时候我也没有什么感觉了。"这时，我们会发现，来访者已经离开了当下，离开了跟头盔的关系。此时此刻，心理咨询师依然会用实验的方法把来访者拉回到他的这种状态里。例如，刚刚讲到对头盔的描述，以及对来访者身体的感觉和感受的描述。此时来访者可能会说："我现在能够感觉到我的头顶上有一个头盔，这个头盔非常重，它在紧紧地压着我，它是黑色的，它没有任何光芒。此时此刻，我感到呼吸困难，非常难受。"在这种情况下，心理咨询师会问来访者："这种感觉和感受让他想到了什么？"如果心理咨询室里有一个头盔，心理咨询师会假装给来访者戴上头盔，以便体验这种感觉和感受。基于这种场景、这样的实验设置，让来访者跟头盔展开对话。我们显然知道，这个头盔是不存在的，但是通过对话，让来访者外射出他内心所想表达的、被抑制的情绪。例如，心理咨询师会问来访者："当你这种窒息的感觉和感受袭来的时候，你愿意说些什么？"来访者回答："我现在快要憋死了，我想死，我好难受，我不舒服，我好压抑。"这时，格式塔取向的心理咨询师会接着进入另一个实验设置，就是让来访者成为头盔这个部分，然后去体验。心理咨询师会问来访者："现在告诉我，你就是头盔，你会对自己表达些什么？"在这个过程中，我们也会发现来访者会有不同的表达。

实验的第二步是**识别来访者**表达主诉中**的需要**是什么，想表达的到底什么？这是格式塔心理咨询实验设置里非常关键的部分。正如马克·吐温（Mark Twain）所说："我可以满足所有人的需要，但我难以找到一个能把自己的需要说清楚的人。"识别来访者的需要、识别来访者的核心主题是心理咨询中实验设置的一个非常重要的部分。

实验的第三步是**评估实验的风险**。格式塔取向的心理咨询师通常都有创造性的风格，通常都会做很多无结构化的实验，因为心理咨询师关注的是来访者内心真正的体验及其身体当下的感受。在格式塔心理咨询中，所有设置的实验往往具有一定的冲击性。为防止实验对来访者心理带来风险，心理咨询师可以在跟来访者开展实验之前，尤其在最初的咨访协议、知情同意书里先告知来访者心理咨询师将使用的是格式塔心理咨询技术。心理咨询过程中的实验包括空椅子技术、梦工作和角色扮演等，这些实验都会对来访者的当下产生较大的冲击。心理咨询师要借用这种冲击力引发来访者的觉察和领悟。因此，提前告知来访者实验的风险性可以保护咨访双方。

另外，心理咨询师还要识别和评估来访者与实验的匹配度，就是识别和评估来访者是否适合进行这种实验。对很多有躁狂情绪的来访者或焦虑情绪严重的来访者而言，心理咨询师通常都要注意在心理咨询中减少对他们的刺激。所以，心理咨询师要对这些部分有充分的考量。那么，到底什么样的来访者适合格式塔心理咨询，什么样的来访者不适合格式塔心理咨询？什么样的来访者适合空椅子技术，什么样的来访者不适合空椅子技术？虽然有很多学者对此做了非常多的研究和实践，但遗憾的是，至今仍然没有一个标准答案。更多时候，这要靠格式塔取向的心理咨询师在咨询过程中保持敏锐、精准的觉察力，在实验中不断地进行创造性的调整，以保证实验对来访者带来的冲击引发的是觉察，而非伤害。不管怎样，作为一位格式塔取向的心理咨询师，在开展实验之前，首先要告知来访者我们要开始实验了。

在开展实验之前，心理咨询师还需要评估自己和来访者之间的关系状况。咨访关系是非常信任、非常开放、非常抱持的同盟关系吗？心理咨询师要充分考虑到咨访关系对实验过程的影响，在关系不足够信任、同盟关系不足够稳固之前，不要轻易开展实验。

在实验的过程中，心理咨询师还需要动态调整实验的分级。刚开始，心理咨询师需要根据咨访关系的状态开展一些小实验，如重复一个动作或一句话、进行一个想象等。然后根据心理咨询的具体情况开展诸如空椅子技术、梦工作、角色扮演和未完成事件工作等一些相对大一些的实验。在使用大实验的时候，心理咨询师可能需要更多地考虑来访者是否能够接受，还要考虑和来访者咨询的历程。我们不建议在刚开始咨询时就使用空椅子技术，通常建议放在后面使用，即使是短程心理咨询也要放在后半段。作为心理咨询师，我们要时刻记住，心理咨询要以来访者的需要为根本目的。因此，所有的实验设置也都要以保证来访者的安全为考量，同时心理咨询师也要告知来访者，他在任何时候都有终止实验的权利。当所有这些准备好之后，心理咨询师告知来访者我们要开始实验了。

实验的干预技术

实验的干预技术包括感觉滞留技术、放大技术和节制技术、空椅子技术和角色扮演等。

在运用感觉滞留技术时，在实验的实际操作中，心理咨询师经常说："待在你的感觉里，待在你的感受里，待在这个图像里……"很多心理咨询师都会有这样的表达，其实此时心理咨询师就是在使用一个小的实验。该实验的目的是让来访者回归身体的感觉和感受。感觉滞留技术是回归此时此刻的非常重要的方法，用在治疗强迫、抑郁情绪和焦虑状态方面都有非常好的功效。

放大技术是指不断地让来访者充分体验某个身体动作、重复某句话，或者让来访者的某种情绪不断地升腾起来，以提升来访者对语言、动作和情绪的感知能力。格式塔心理咨询认为，一切压抑的情绪和潜意识都需要用躯体的形式表达出来。所以，这种放大、不断地表达的实验能让来访者充分体验自己被压抑的部分。例如，当来访者说："我觉得工作让我非常累，我的生活也让我非常累，包括教育孩子这些都让我觉得很累。"来访者的语言中反复出现了"累"这个字。这时，心理咨询师可以邀请来访者做一个小的实验，就是运用放大技术，邀请来访者体验并表达自己的"累"。在这个过程中，心理咨询师依然会询问来访者当下的感觉和感受，或者说想到了什么。因此，通过这项技术，心理咨询师就可以展开实验，让来访者增强自己的觉察。

在格式塔心理咨询中，我们经常会用到角色扮演。角色扮演在很多心理咨询里都能看到，如维琴尼亚·萨提亚（Virginia Satir）的家庭雕塑、心理剧里的角色扮演等。格式塔心理咨询中角色扮演的特点是，所有的角色扮演都是基于对话产生的。大家可能会问，不是团体心理咨询，没有那么多人在现场，如何进行角色扮演呢？很多时候，心理咨询师会有疑问：自己是否可以坐上空椅子和来访者做一些配合呢？而格式塔取向的心理咨询师是把空椅子技术和角色扮演做了整合。

例如，一位来访者是大学教授，在某段时间里，他感受到前所未有的压力。来访者说晚上睡觉的时候经常会握着拳头，非常紧张。来访者不断地说他的妻子非常好，非常理解他，但他总是会莫名其妙地发脾气。他不知道自己为什么会是现在这个样子。通过前期的咨询，心理咨询师了解到来访者的家庭关系、生活现状及其目前所面临心理问题的状态。来访者很小的时候是跟爷爷长大的，他们这个家族很大，大概有100多人。他承载着整个家族的愿望和希望，他总会觉得自己的肩膀特别痛。来访者经常会对周围的人说："我可以，我能行。"所以，整个家族100多人只要有任何事情都会找来访者倾诉、帮忙。虽然有时候来访者已经很累了，帮助他们已经超出自己的能力范围了，但他还是咬牙挺着，帮助他们达成意愿。但每当来访者无力、难受时，他就会跟家人发脾气。这时，来访者就总是表达他的妻子特别好，特别能够容忍他。

此时，这种固化的模式就从水下浮到了水面。他小时候跟着爷爷长大，爷爷告诉他一定要兴旺这个家族。他带着这份嘱托活在这个世界上。而在他爷爷离世的时候，他没能见爷爷最后一面，因为那个时候他工作非常忙。所以，爷爷的那句"你要撑起整个家族"成为他成长的动力。而这句话也带给了他强大的负担和无法觉察的巨大压力。心理咨询师用一把大椅子和一把小椅子把来访者带入角色中，大椅子代表爷爷，小椅子代表小时候的他。来访者坐在小椅子上体验小时候的自己。来访者说他此时此刻非常无力。这时，心理咨询师让来访者面对爷爷，说出自己的无力感，告诉爷爷："我很无力，我没有力量撑起整个家族。"来访者说不出来，他的双拳握得很紧，嘴唇都被咬出血了。来访者说："我可以的，我可以的。"此时，我可以看到，来访者依然在压抑自己的情绪，依然不能示弱。心理咨询师让来访者体验回到小时候的状态，体验面对爷爷时，内心的那份愧疚和不舍，来访者开始一点点地表达自己对爷爷的不舍……

坐在小椅子上扮演小时候的自己：爷爷，你知道吗？我已经很累了，爷爷，这么大的一个家族让我撑着，我撑不住了。爷爷，你原谅我好吗？爷爷，我很累了……

在这个表达的过程中，心理咨询师让来访者多表达几次，来访者一直在哭，甚至是在哀号。当来访者痛哭流涕，以哀号的状态向爷爷表达自己内心的这份愧疚和无力时，心理咨询师感觉他整个人都鲜活起来了。心理咨询师让来访者从小椅子上坐到大椅子上，体验爷爷的存在和当下。

坐在大椅子上扮演爷爷：爷爷对你没有要求，爷爷只是希望你好，爷爷原谅你，爷爷只是希望你好，爷爷看到你很累了。

此时此刻，来访者将那把小椅子抱在怀里，沉浸在跟小椅子接触的过程中。结果我们发现，来访者真的原谅了那把小椅子，原谅了那个弱小的自己。

在上述案例中，来访者的核心问题是他在现实生活中不允许自己接触弱小的那一部分。来访者无法示弱，所以当他不能接纳自己弱小的那一部分时，他就无法更好地生活在这个世界上，无法原谅他人。心理咨询师经常说的一句话就是，你无法接纳自己，就无法原谅别人。很多时候，我们是放过了自己，才可以原谅他人。换句话说，我们原谅了自己，也就放过了他人。

格式塔心理咨询的实验技术有很多，但最核心、最重要的前提是心理咨询师对格式塔心理咨询内涵的深入理解，理解现象学，理解存在主义，理解我 - 你关系，理解分析心理学，理解东方的禅学和文化。正如皮尔斯在晚年强调的，格式塔心理咨询在觉察真实性、体验性等很多问题上是不能言表的，只能意会，只能体验。这也是为什么我们很难给格式塔心理咨询下一个具体的定义，我们更希望格式塔心理咨询师在未来学习和成长的道路上少一些理性的思考，多一些感性的体验。

思考

1. 实验是格式塔心理咨询中极具创造性的环节，在开展实验工作时，我们需要注意什么？

2. 你如何看待咨询过程中的实验环节，它与我们在生活中面临的挑战有什么异同？

参考文献

［1］ZINKER J C. Creative process in gestalt therapy：the therapist as artist ［J］.The Gestalt Journal，1991，14（2）：71-88.

［2］ZINKER J. Phenomenology of the here and now ［M］. Cleveland：Gestalt Inst. Cleveland，1974.

第 13 章

未完成事件工作路径

未完成事件的形成

每个人的一生中都遗留着大大小小的未完成事件，它们或多或少地会对每个人产生影响。正如波斯特所说，其实很多时候人们现在的自己，是因为过去的自己对此时此刻的影响。很多过去未被满足的需要、未被表达的情绪、未被说出口的话语等在被抑制后便形成了固化的未完成事件，即固着的格式塔。例如，小时候被他人批评后的委屈没有得到表达，被他人欺负后的恐惧没有得到安抚，自己喜欢的事情和爱好没有得到满足，一次准备了许久的旅程却无法成行，一段恋爱了很久的感情无法走进婚姻的殿堂……由于种种原因无法完成的事件，人们就会通过搁置、压抑、忽略等应对方式予以平衡。在这个过程中，大量的能量被消耗，同时形成未完成事件。积累的未完成事件越多，个体消耗的能量就越大，因此人们就越无法聚焦于当下。无法聚焦于当下就无法对自我有很好的觉察，就成为一个新的未完成事件。所以，格式塔心理咨询创始人皮尔斯曾说：欲望受到挫折，要满足它就有危险的存在。而挫折感造成的内在体验也已经让人无法忍受，因此形成未完成事件的源头。

未完成事件工作路径

通过心理地图，心理咨询师可以准确地找到来访者生命中的重大事件和未完成事件。在找到未完成事件后，很多心理咨询师不知道下一步该如何工作。那么，找到来访者的未完成事件有什么用呢？来访者也会说，事情已经发生了，还能怎么办呢？事情已经这样了，难道事情还能有新的变化吗？很多时候，不仅来访者有这样的困惑，甚至有些新手心理咨询师也会有。因此，格式塔心理咨询提出了未完成事件的工作路径（见图13.1）。

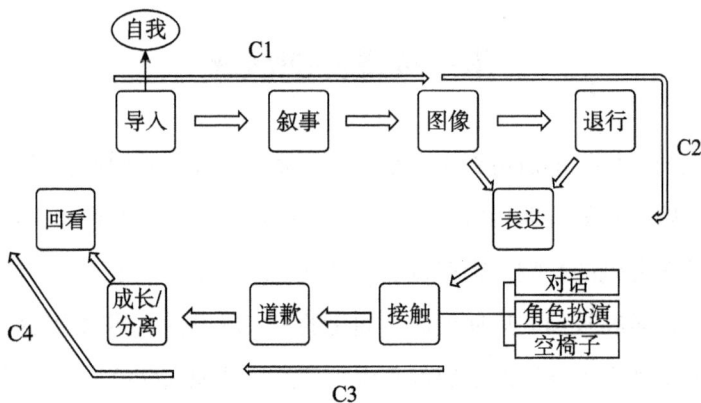

图 13.1　未完成事件工作路径图

导入

未完成事件工作路径的第一步是导入。心理咨询师对来访者开展工作时，来访者可能会带着很多防御，在这种情况下，心理咨询师怎样跟来访者开始话题，开始未完成事件的工作呢？在针对未完成事件开展工作时，特别是在咨询首访的过程中，格式塔取向的心理咨询师在介绍所使用的方法和技术时，要告知来访者，咨询需要在探索生命中一些重大历程和事件时修通、弥合其创伤，这需要得到来访者的支持。同时，来访者也有权利拒绝对未完成事件开展工作。心理咨询师需要达到让来访者了解未完成事件工作的内容和目的。

　　针对未完成事件开展工作是格式塔心理咨询的一个核心阶段。所以，对未完成事件开展工作时，心理咨询师与来访者应该已经建立非常深厚的、牢固的同盟关系，相互信任，彼此支持。注意是"已经建立"，对未完成事件工作包括后期创伤事件的治疗，心理咨询师一定要评估跟来访者之间的关系，这是极为重要的。如果心理咨询师与来访者建立了牢固的同盟关系，心理咨询师对来访者展开工作时通常会告诉他："今天你讲了这些，我发现你有了一些变化，看起来今天可能我们要讨论你的未完成事件。在这个过程中，可能你会有很多情绪涌现，也会有些不舒服的地方，你随时可以叫停。我也会完全支持你，和你共同走完这段未完成事件的旅程。"格式塔取向的心理咨询师一定要告知来访者，有这样一个过程。然后心理咨询师要开始导入。在导入的过程中，心理咨询师带着来访者运用心理地图技术，重新跟来访者回到未完成事件，以便开展工作。心理咨询师可以让来访者更多地加以表达。很多时候，来访者在未完成事件导入时会感觉比较困难。例如，有些来访者可能会伴随一些身体的症状，有些来访者可能会紧张。此时，心理咨询师就要评估来访者，询问来访者内心的感觉、感受。在这个过程中，心理咨询师可能会看到来访者的不同防御机制。有的来访者会说："你看今天的天是不是不好？今天时间是不是不太够啊？我感觉我好像……"有的来访者也会说："我有些担心，实际上我还有一些害怕，心里很难受。"心理咨询师会让来访者跟他的害怕、难受待一会儿。然后来访者可能会说："这时，我忽然很放松，我觉得我身体充满了力量，我愿意和你一起面对我的未完成事件了。"在这个过程中，心理咨询师会把来访者拉到他自己的感觉和感受里。例如，心理咨询师询问来访者："此时此刻，你的感觉是什么？这种感觉会让你想到什么？"当然，如果来访者真的没有准备好，心理咨询师也不要强求。心理咨询师需要精准地觉察来访者的防御和阻抗，也要让来访者看到自己的防御。需要注意的是，心理咨询师不是一味地纵容来访者不触碰未完成事件。纵容不等于尊重，同情不等于共情。

叙事

　　未完成事件工作路径的第二步是叙事。来访者在表达未完成事件时就是开始了一个自我叙述生命故事的过程。例如，来访者会说："其实我早就想跟你说我的这个事情了，就是小时候我爸爸觉得我特别能干。我爸爸在外地工作，他每个月才回家一次。我看到爸爸就非常高兴，所以我会靠近爸爸，想和爸爸多说说话。但是我爸爸每天凌晨四点就起床，他会叫着我一起下地干活。那个时候我只有七岁，我要背着镰刀和爸爸一起下地干活。我上面有两个哥哥，他们都在呼呼地睡大觉，而我那个时候已经起床了，我只能和爸爸到田地里去干活。其实我并不想去……"在来访者叙述的过程中，心理咨询师要完全地、全神贯注地置身于跟来访者的关系中，要保证来访者待在她的故事里。这时，心理咨询师的身体要微微前倾，随着来访者生命故事里的起伏，心理咨询师的表情也在不断地变化。有时心理咨询师会点头，有时心理咨询师会发出回应，这项技术叫精微技术。这样就保证了来访者有更多叙述的愿望。但也有时候，来访者会开启自我防御机制，讲着讲着自己就跳出来了，来访者会说："其实现在想想，爸爸也很不容易，其实他也……其实现在想想我是有点矫情了，这个事情已经过去很多年了，我还记得……"这就表明来访者已经从自己的故事里跳了出来。这时，心理咨询师需要把来访者拉回到她的故事里。心理咨询师可以说："我刚刚听到你在谈爸爸的时候，小时候你背着镰刀，其实压在你身上是很重的，你说你的肩膀都背出了血印子。"来访者说："那个时候我都背出血印子了，你不知道那个时候的我……"这样，来访者就又开始了叙事。心理咨询师就是要帮助来访者回到自我，回到自己的生命故事里。

图像

　　未完成事件工作路径的第三步是图像，心理咨询师要帮助来访者建构图像。就上面的案例而言，心理咨询师要找到来访者最核心的、对来访者刺激最大的、内心中最有情绪的部分。那就是一个七岁的小女孩，为了靠近爸爸，获得爸爸的鼓励，和爸爸多说说话，就总被爸爸带着下田干活，而且干到很晚。

她其实心里感觉很委屈。她认为哥哥们应该干得更多，但是哥哥们都在睡觉，每次都是她早早起床跟爸爸一起下地干活儿。在这个过程中，心理咨询师要抓取这个图像并反馈给来访者。在抓取图像或建构图像的过程中，如果来访者在叙述早年生命经历，如十岁之前的经历，心理咨询师通常会拿一把小椅子，邀请来访者坐到上面，在来访者对面放一把大椅子，这就是大小椅子的设置。

退行

未完成事件工作路径的第四步是退行。在未完成事件中，当来访者坐到小椅子上时，就会出现退行的状态，退行回那时那刻。心理咨询师会让来访者想象那时的画面和图像。来访者会想到在田地里干活，她很累。这时，她的累包括她内心的委屈，而她在那时那刻没有表达出来。所以，心理咨询师让来访者坐到小椅子上，在此时此刻把那些被压抑的情绪表达出来。

表达

未完成事件工作路径的第五步是表达。在刚刚那个案例中，来访者坐到小椅子上感受她在地里拿着镰刀，她非常累，而且内心里有些委屈，还有一点小小的情绪。但是当年她没有表达的，她还是很高兴地唱着歌在田地里割草。这时，心理咨询师要帮助来访者把压抑的情绪表达出来，所以就进入了表达阶段。这种表达不是简单的、单方面的情绪宣泄。格式塔心理咨询中表达的一个核心概念和技术叫对话，所以表达一定是基于对话的基础之上的。心理咨询师会让来访者坐在小椅子上，看着对面空椅子上的爸爸，展开以下对话。

来访者：爸爸，我很累了。（痛哭不已）

心理咨询师：此时此刻，你看到空椅子上的爸爸是什么样的表情？

来访者：爸爸很惊讶。

心理咨询师：你看到爸爸惊讶的表情有什么感受？

来访者：我更想说了，我想告诉爸爸我心里很难过，也很委屈。

心理咨询师：那你就说出来。

来访者：爸爸我很难过，爸爸我很委屈。

心理咨询师：你再看看爸爸现在是什么表情？

来访者：爸爸走过来，爸爸蹲下身子，爸爸蹲下身子看着我。

心理咨询师：爸爸蹲下身子看着你，爸爸想对你说些什么？

来访者：爸爸什么也没说，爸爸只是看着我，或者爸爸对我说，我心里也很难受，或者爸爸说你是可以的，你是最棒的。

心理咨询师：如果爸爸这样反馈你，你心里是什么滋味？

来访者：我不想当最棒的，我不可以，我只是个孩子。

心理咨询师：那你告诉爸爸。

来访者：啊（**失声痛哭**），我只是个孩子，我不想当最棒的，我只是个孩子。

心理咨询师：此时此刻，面前的爸爸会对你说些什么？

来访者：爸爸低下了头，看起来他有些自责。

心理咨询师：此时此刻，爸爸如果可以说话，爸爸会说些什么？

来访者：爸爸叹了口气，爸爸说没想到会是这样。

心理咨询师：当爸爸这样说的时候，你心里有什么感受？

来访者：我心里舒服多了，我觉得爸爸好像更软了一些，爸爸温柔了。

心理咨询师：爸爸温柔了。你是否愿意体验一下爸爸此时此刻的感受，如果爸爸现在在这里，他看着哭泣的你，他会对你说些什么？

需要注意的是，在这个过程中，心理咨询师和来访者一定要展开对话。如果双方不展开对话，那么空椅子就只是一种情绪宣泄的工具，而不能作为一个非常好的修通关系和疗愈的工具。

接触

未完成事件工作路径的第六步是接触。格式塔心理咨询实验的角色扮演嵌入了这个阶段。心理咨询师让来访者坐在大椅子上表达，体验爸爸的角色。

心理咨询师：假如小椅子上坐着小时候的自己，她哭得很伤心，她说她很累，心里很委屈，此时此刻，爸爸会对她说些什么？

来访者：我也没想到会是这样，我心里很自责。

心理咨询师：我能不能理解为你刚刚讲得很内疚，你是对不起你女儿的？

来访者：是的。

心理咨询师：那你告诉他，"女儿，对不起"。

莱斯利·S.格林伯格（Leslie S.Greenberg）曾经讲，格式塔心理咨询中空椅子技术对情绪调节作用的一个核心关键就是道歉，道歉是宽恕的前提。在修通关系、创伤治疗和未完成事件的工作里，核心的部分也都是要有道歉这部分的。道歉很简单，心理咨询师只需要帮助来访者体验到创伤事件中的那个关键人物对自己的愧疚。道歉仅用两句简单的话即可，一句是"对不起，我错了"；另一句是"对不起，爸爸错了，或者妈妈错了"。不要附加任何理由。有时候，心理咨询师会帮助来访者对这部分进行工作。例如，说："爸爸也是第一次做爸爸，妈妈也是第一次当妈妈，请原谅我吧。"在这个过程中，不要加任何附加条件，无条件道歉！就是这几句简单的话，反复地让来访者坐在椅子上表达出来。而这种表达是自然而然形成的，这种通过角色扮演形成的表达让整个未完成事件的工作达到了高潮部分，就是充分接触的部分。

道歉

未完成事件工作路径的第七步是道歉。从体验循环的角度看，来访者到了充分接触部分时，通常会有很多情绪涌现，此时就要进入道歉阶段了。在这个阶段，心理咨询师会让来访者坐在大椅子上抱着小椅子，或者坐在小椅子上抱着大椅子。大小椅子代表的人物角色不同，但是对来访者的理念和意义是一样的，就是进行充分的接触，得到真诚的道歉。当他们待在一起时，心理咨询师会让来访者说，爸爸是爱你的，妈妈是爱你的，或者什么话都不说，只是待在爸爸的怀抱里，只是待在妈妈的怀抱里，多休息一下，沉浸在这种安全、温暖、抱持的状态里。此时，心理咨询师的声音也要做一些调整，这一部分叫作补偿的状态，让来访者在这个补偿的状态里待一会儿。

成长

未完成事件工作路径的第八步是成长。在来访者得到道歉，得到补偿以后，来访者如果坐在小椅子上，还要让来访者在这个过程中有一种被融合的状态。在这个过程中，来访者会感到非常舒服、有力量、有安全感。此时，心理咨询师通常可以让来访者在这种状态里多待一会儿，不着急把来访者唤醒。通过固定化的一些语言滋养来访者，让他一点点地成长。这个过程有点像大家常说的疗愈来访者的内在小孩。但是也不完全一样，因为在这个过程中，来访者更多的是在体验。

回看

未完成事件工作路径的第九步是回看。这一步的目的就是唤醒来访者，让他从过去的情境中重新回到此时此刻，从那时那地回到此时此地。此时，心理咨询师通常会让来访者做呼吸放松训练，同时心理咨询师要做回看和评估。

心理咨询师：此时此刻，你的感觉和感受是什么？

来访者：我感觉到很温暖。我忽然感觉到我身体的那些部分好像不堵了，特别顺畅。我感觉我身上的毛孔都是张开的，忽然内心很有力量。（身体的感觉感受层面）

心理咨询师：此时此刻，你对过去的这个事件怎么看？你对刚刚发生的这一切怎么看？你对自己怎么看？

来访者：以前我总是觉得爸爸都这个岁数了，我不应该对他有什么不满了。我一直在大脑里告诉我自己，其实他也不错。今天，我真的体会到爸爸也是很好的，他真的是爱我的。我感觉抱在一起的那个瞬间的感觉和感受是非常真实的，它似乎替代了小时候的那种劳累和内心的委屈。

心理咨询师：如果此时此刻我邀请你送给爸爸一句话，你想对爸爸说什么？

来访者：我会向爸爸说，"我是爱你的，爸爸！我看到了你的爱，爸爸，你要保重身体"。

很多来访者在此时都会表达祝福的话。当然，也有很多来访者会说："爸爸，我原谅你了。"不同的来访者会有不同的表达。

未完成事件的整个工作流程就是这样的。可能很多人会好奇，在心理咨询的过程中，针对未完成事件都是这样一步一步开展工作的吗？是的。格式塔取向的心理咨询师针对未完成事件开展的整个工作路径就是这几步：导入、叙事、图像、表达、退行、接触、道歉、成长、回看和评估。在日常的心理咨询实践训练中，心理咨询师可以运用这种方法帮助来访者。特别是格式塔取向的心理咨询师，一定要不断地训练针对未完成事件工作的能力。在这个流程的框架中，形成自己的风格和自己的创造性实验。例如，在这个过程中，有时会遇到来访者从图像中跳出来，这可能是由于心理咨询师图像做得不够细致，可能是由于咨访关系不够稳定，可能是由于来访者对心理咨询师失去了信心，也可能是来访者在接触的过程中，对自己未完成事件中的人物还没有准备好等。这就要求格式塔取向的心理咨询师在整个咨询过程中要进行创造性的调整，对来访者未完成事件开展工作时不断进行风险评估。通过不断的学习、训练、实践，对未完成事件的疗愈将会成为格式塔取向的心理咨询师未来咨询工作中的核心能力。

思考

1. 在针对未完成事件开展工作的过程中，你认为最困难的是哪一个环节？难点主要在于哪里？

2. 人的一生总是缠绕着许多未完成事件，回顾自己的生命历程，你如何看待未完成事件及其对自己的影响？

参考文献

SINAY S. Gestalt for beginners ［M］. New York：Writers and Readers Publishing，1998.

第14章
空椅子

　　一直以来，空椅子技术在心理咨询工作中被广泛使用，但它始终带着深深的格式塔标识，是格式塔心理咨询的一种符号象征。这也是本书单独开辟一章阐述空椅子的原因。无法避免的是，当有人使用空椅子技术开展心理咨询工作时，会习惯性地将它定义为格式塔心理咨询。虽然这在一定程度上推广了格式塔心理咨询，但也对格式塔心理咨询中的空椅子技术的运用带来了误解。

　　运用空椅子技术必须有格式塔心理咨询理论做支撑：来自现象学视角下看待事物的本真，来自存在 - 人本主义的"我 - 你关系"之间的真诚，来自"整体大于部分之和"的场互存的理念；以觉察为根本目的，帮助个体回归当下，展开充分的接触，探索固着的格式塔，寻找极性与未完成事件的阻碍，修复体验循环的活性；坚持不预设、不分析、不解释、不评判、不建议的基本原则，更多是在当下的本真、投入、创造性调整。

　　正是这些抽象的概念、理念和态度，才赋予了空椅子这一技术化操作工具以灵魂。当心理咨询师在使用空椅子时，如果没有这些理论背景，那么可能仅仅是使用了空椅子这一工具，而非格式塔心理咨询。

椅子的选择

　　有人会问，在心理咨询室里，真的会放这么多把椅子吗？实际上，作为格式塔取向的心理咨询师，确实会在心理咨询室里摆放形形色色的椅子，这就是心理咨询师在心理咨询过程中经常会使用的一些道具。

很多时候，心理咨询室的椅子摆放在那里，心理咨询师会在需要的时候邀请来访者选择一把椅子。而当来访者的情绪猝不及防地爆发时，心理咨询师没有办法让来访者做出选择，这时再让来访者进行挑选，实际上就阻断了来访者的情绪。所以，这就要求心理咨询师有精准的觉察力，挑选适合来访者的空椅子。有的椅子让人感觉非常温暖，有的椅子让人感觉非常宽大，有的椅子让人感觉十分权威。例如，办公室里用的纯皮办公椅，体积比较大，它适合来访者面对权威、面对父亲、面对一些职级较高、社会地位较高的人做投射性的表达。如果来访者小时候有权威恐惧，受到过父母、权威人士的虐待或攻击，心理咨询师在帮助来访者回到那个故事里的时候，会看到这种椅子对来访者的冲击性还是很大的。

除此之外，还有非常可爱的椅子，就像小时候在幼儿园里坐的儿童椅，它是童年的一种投射。很多时候，当一些来访者处于退行状态时，或者心理咨询师为开展工作让来访者退行到早年一些创伤事件和未完成事件时，通常会用到儿童椅。儿童椅尽量不要用冲击性特别强的颜色，如大红色。很多儿童座椅经常会用橙色，其实是不太适合的。因为橙色更多代表一种改变，会对感官产生一种刺激。代表强大部分的椅子和代表弱小部分的椅子要形成非常鲜明的对比，这是非常重要的。当来访者坐上真正的儿童椅后，立刻就会有种回到小时候的感觉。大家可能会问，来访者坐在大椅子上不也能回到那时那刻吗？答案是否定的，来访者坐在大小椅子上的感觉（仪式感）是不一样的。如果现在你旁边有一把小椅子，可以把它搬到你身边，先看看这把小椅子，你的感觉和感受是什么？然后你再坐上去体验一下。如果身边没有小椅子，你可以坐在地上。当人们坐得低时，立刻就会感觉到心里的状态是不一样的，感受是不一样的，此时看周围的世界都需要"仰视"，所以容易产生退行的状态。例如，跟儿童、青少年做心理咨询时，心理咨询师会坐在比较低的椅子上看着他们，最起码可以做到平视。这样会在物理空间、物理场的设置上有一种平等的感觉。你可以再找一把大椅子体验一下，当你坐上去时，你的感觉和感受是什么？在这个感觉和感受里待一会儿。我们会发现，坐在小椅子上和坐在大椅子上的感觉和感受完全是不一样的。

椅子的设置

格式塔心理咨询中的空椅子技术有哪些类别呢？第一种常见的是**空椅子**，心理咨询师让来访者把未完成事件中的人物投射到空椅子上并与之展开对话，从而让来访者宣泄情绪，修通关系，最后达到认知重评。这是传统的空椅子技术中谈到的空椅子。

第二种叫**热椅子**。这是在格式塔团体心理咨询中逐渐呈现和形成的。皮尔斯创立格式塔团体心理咨询的过程中就充分运用了热椅子。他把每位工作坊里的受训学员都邀请到台上，再跟他们逐一地开展工作。在众目睽睽之下，这些登台的学员有的会很害羞，被其他学员发问时，甚至会感觉如坐针毡，有一种被火烤的感觉。所以，早期的格式塔文献也把这种椅子称为烤椅子。这是最初格式塔团体里的热椅子，现在格式塔团体里的热椅子是被动力聚焦的某个人，也就是在团体里受到疗愈的那个人。

第三种是**小椅子**。在格式塔心理咨询中，来访者会回到过去的创伤和未完成事件，小椅子是让来访者处于退行状态时使用的。

第四种是**双椅**。这是在两极工作中所使用的。人们是在过去和未来这两个维度上，在一端强大、一端弱小的两极中不断地穿梭游走。

空椅子技术重要的功能是表达压抑的内在情绪和状态。例如，来访者会说："其实我现在对父母最愧疚的一件事就是……""其实我想对父母说对不起……""我的奶奶小时候照顾我，但是在她离世的时候，我却不能去送她最后一程……"所以，在心理咨询中，空椅子是让来访者表达释放各种情绪。这是空椅子的第一个非常重要的功能。让来访者把压抑的情绪表达出来可以提高其对自我当下的觉察。但如果只是把空椅子想成情绪宣泄的工具，那又是远远不够的。

空椅子使用中更重要的一点就是不仅仅要让来访者向空椅子表达出自己压抑的情绪和感受，更要产生对话，嵌入对话技术。让来访者体验，当自己表达了情绪后，空椅子上的人物或对象产生了哪些实质性的变化。也就是通过空椅子的工作，心理咨询师已经帮助来访者在潜移默化中将过去旧的图式和认知模式换成了新的图式和认知模式。所以，情绪表达的核心功能是帮助来访者达到认知的重评。

两极的整合

格式塔心理咨询中的空椅子可以非常灵活地使用。例如，用于呈现格式塔心理咨询中在人性上出现的两极（如"胜利者"与"失败者"），并进行创造性的调整。当来访者在表达观点、描述自己的临床问题时，心理咨询师在语言、情绪、躯体上找到来访者呈现两极的部分，即来访者的矛盾性。格式塔取向的心理咨询师通常会发现人们总是矛盾的，就像东方文化里讲的阴阳、黑白现象。有些人会固着在黑的一边，有些人会固着在白的一边。因为待在某一边没有流动、没有平衡、没有整合，所以出现了很多问题。当心理咨询师看到来访者固着于某一极时，就会让来访者做一些体验。

来访者：我认为周围的人都很傻，我周围的同学也很笨，我认为他们都非常 foolish，我不喜欢他们。我来到你这儿，就想看看你是不是个聪明人，我妈妈说你是心理学博士，说你很聪明，我喜欢聪明强大的人。

心理咨询师：这儿有两把椅子，一把椅子代表强大的自己，一把椅子代表弱小的自己。我现在邀请你坐到代表强大的自己的那把椅子上，想象自己强大的时候是什么样子的。

来访者：这就是现实生活中的我。（跷着二郎腿，哼着歌儿）

心理咨询师：现在你看着对面这个弱小的自己，你有什么想对他说的吗？

来访者：你弱小给谁看，你怎么会是弱小的，这个世界上没有人同情弱者。

心理咨询师：好，我听到你说"这个世界上没有人同情弱者"，现在把"这个世界上没有人同情弱者"修改为"这个世界上没有人同情你"，你可以重复一遍吗？

来访者：这个世界上没有人同情你，你弱小给谁看。

心理咨询师：再重复一遍。（放大技术）

来访者：这个世界上没有人同情你，你弱小给谁看。

重复几遍后，来访者的情绪和能量被启动了。来访者马上就踢翻了这把椅子。当椅子被踢翻的那一刻，来访者忽然静了下来。

心理咨询师：好，现在我邀请你看看这把被你踢翻的椅子。

来访者：我讨厌那把椅子，我讨厌你，我不想看到你。

心理咨询师：那我们就在这个不想看的感觉里待一会儿。（心理咨询师也不说话，只是看着来访者）

来访者：（叹了口气）其实你知道吧，我也不想这样，但是这个社会就是这样，我爸爸从小就教育我不能弱小……

心理咨询师：听起来你有很多无奈，你也很听爸爸的话。

来访者：是啊，我不得不听我爸爸的话，你知道我爸爸……（哽咽了一下）哎，不说了。（这时，来访者的未完成事件马上就要显现出来了）

当两极整合跟来访者的未完成事件产生冲突时，心理咨询师首先要看这一次心理咨询的目标是什么，心理咨询的整体设置是什么。心理咨询师需要评估此时是否可以直接针对未完成事件开展工作，来访者是否准备好了，是否愿意，是否需要，这些都值得在心理咨询中探讨。在这个过程中，心理咨询师并不急于针对未完成事件开展工作。所以，心理咨询师并没有立刻深入进去，而是再回到这儿，因为来访者做这番解释的时候，实际上心理咨询师可以听得出来访者的软化。

心理咨询师：看起来你很听爸爸的话，是不是？其实你也不想这样做，那你告诉他。

来访者：我也不想这样做，我也不想这样对你。

心理咨询师：重复这句话。

来访者：我也不想这样做，我也不想这样对你。

心理咨询师：再说一遍。

来访者：我也不想这样做，我也不想这样对你。

心理咨询师：告诉我，此时此刻你内心的感觉是什么，感受是什么？你会想到些什么？

来访者：我好像有一些心疼和愧疚。

心理咨询师：怎么理解这个愧疚呢？如果让你说得更直白一点，这个愧疚你想怎么表达呢？

来访者：对不起。

心理咨询师：那你愿意说出来吗？

来访者：对不起，对不起。

心理咨询师：你现在说出来了，有什么感受？

来访者：说出来后，我感觉稍微舒服点了。

心理咨询师：你感觉稍微舒服点了。那你告诉他，我跟你说对不起了，我稍微舒服点了。

来访者：我可不可以把他扶起来啊？

心理咨询师：当然可以。你可以先蹲下，慢慢地摸摸它，闭上双眼，体验一下。当你的手在触碰自己弱小的这一部分时，你的感觉是什么？感受是什么？

来访者：我感觉他非常弱小，他很无力。

心理咨询师：尝试着用你来表达，看着他并告诉他，我感觉你很无力，你很弱小，你需要关心。

来访者：我感觉你很无力，你很弱小，你需要关心。

心理咨询师：再重复一遍。

来访者：我感觉你很无力，你很弱小，你需要关心。

心理咨询师：现在我邀请你坐在这把代表弱小的自己的椅子上，成为这个弱小的自己，成为这个强大的自己一开始不能接纳的弱小的自己，看着对面这个强大的自己，此时此刻你的感觉是什么，你的感受是什么？

来访者：我感觉眼前忽然亮了，忽然觉得自己有点力量了。

心理咨询师：嗯，忽然觉得自己有点力量了，想和对面这个强大的自己说些什么呢？

来访者：其实我也很想像你那样，我也想强大一点，但有时候我真的是弱小的。

心理咨询师：你是否愿意伸出手去接触对面这个强大的自己呢，去感受他带给你的力量？

此刻，有的来访者不敢接触，有的来访者可能战战兢兢，可能会一点点地触碰，也可能一下就抓住了。这要根据来访者个人的状况和具体的事件而定，心理咨询师要进行评估，包括前面讲到的风险评估。心理咨询师可以试着让来访者做接触。来访者可以跟强大的自己那部分做接触的时候，心理咨询师就会让来访者体验感觉是什么？感受是什么？有的来访者可能会说："我感觉到了，此时此刻我是有力量的，此时此刻他是接纳我的，此时此刻我很完整，我觉得这时的我才是真实的我。"这就是两极的整合。此时，心理咨询师会让来访者进行呼吸放松训练。到达这一步后，心理咨询师会让来访者重新回到椅子上，重新看待来访者的这两部分，并询问："你愿意对强大的自己表达些什么？你愿意对弱小的自己表达些什么？如果你愿意把他们看成是一个整体，他们会是什么样子的？"然后，让来访者的两部分有一些接触，体验自己身体和内在的整体，既有强大的部分又有弱小的部分，不断地进行整合，这样才是一个完整的自己。

在上述案例中，心理咨询师使用的就是双椅子。但是实验的开展也要遵循前面所谈到的，不建议一开始就对来访者运用空椅子技术开展深入的工作。如果一开始来访者有情绪，空椅子只是作为一个简单的情绪表达工具，不做干预，不做对话，不做任何关系的修复，只是让来访者表达情绪。随着心理咨询的循序渐进，咨询进入修复阶段和行动、充分接触阶段的时候，才会嵌入这些对创伤的处理、关系的修通、针对未完成事件的工作等，那个时候才会用到空椅子，包括两极的整合。

一位来访者是名高三的男生，在高考前出现紧张、焦虑的情绪，严重地影响了他的学习。来访者晚上睡觉前会去几次厕所，一去就是一个多小时。经常晚上折腾到凌晨一点多才能躺下睡觉，睡眠严重不足，耽误学习。在与来访者交流的过程中，心理咨询师打开了咨询室厕所的门，请来访者站到马桶旁边。

心理咨询师：你就站在这儿，体会一下，你此时此刻要小便的感受。

来访者：现在我能尿出来，但是晚上的时候我就尿不出来了。

心理咨询师：很好，那你体会一下你尿不出来的感受是什么？

来访者：（很生气）尿不出来还有什么感受啊！我总是有劲儿使不出来，觉得好像不能全部用上我的力气。

经过后来的交流，心理咨询师了解到，来访者的爸爸怕他早餐吃不好，所以晚上会提前一个小时接来访者回家，第二天吃完早餐后再送来访者回学校。因为早回来一个小时，来访者觉得自己比同学们少学习了一个小时，所以回家后也不甘心睡觉。即使父亲说该睡觉了，来访者还是觉得不甘心。结果晚睡又导致来访者第二天在上早自习的时候打瞌睡，来访者又因此自责。来访者觉得别人都为高考复习投入了百分之百的精力，而自己却没有。在这一过程中，来访者最核心的问题就显现出来了——他不让自己休息，也不允许自己休息。这就是我们经常说的"不放过自己"。

针对来访者的问题，心理咨询师采用格式塔心理咨询中的双椅技术。双椅在一开始设置的时候是不平衡的，心理咨询师在两把椅子上分别摆放了一个枕头和一件来访者的衣服。心理咨询师告诉来访者：一个是投入、坚强、上进、非常有力量的自己；另一个是非常弱小、无力、犯困、柔弱的自己。心理咨询师让来访者分别看到这两个自己，并体验当下的感觉。来访者告诉心理咨询师，当他看到这个有力量、积极的自己时，浑身充满了力量；当他看到那个弱小的自己时，浑身无力、难受，感到厌恶、恶心，不想看到他！此时，心理咨询师让来访者分别感受这两个部分。

心理咨询师让来访者坐在这把代表强大自己的椅子上体验，他觉得自己很有力量（其实，来访者是固着在了自己强大的部分上）。然后，心理咨询师让来访者指着那把代表弱小自己的椅子，表达自己的看法。

来访者：你是一个废物！你是一头猪！你是一个没有用的人！你可以的！你站起来！你要强大起来！（这些举动俨然是一位成功学教练）

心理咨询师：假如这把椅子上正坐着弱小的你，听到这番话的时候，内心的感受是什么？

来访者：我没有资格去感受。

这时，心理咨询师点头笑了笑，又邀请来访者坐上这把代表弱小自己的椅子。

心理咨询师：此时此刻，你是弱小的自己，你的感觉和感受是什么？

心理咨询师让来访者将身体蜷缩成一团坐在代表弱小的自己的椅子上。来访者很快就挣脱了。

心理咨询师：No，No，No，不要挣脱。孩子，不着急，你待在这个状态里。

来访者：我感到很不舒服。

心理咨询师：不着急，跟这个不舒服待一会儿。

此时，心理咨询师开始重复来访者强大的自己对弱小的自己说的话："你是头猪，你无能……"（这时，来访者开始抽泣，眼泪大颗大颗地掉下来）

心理咨询师：告诉我你心里的感受。

来访者：我很委屈，我想哭。

当来访者面对强大的自己，表达自己内心感受时，他已经泣不成声，那个强大的自己完全没有了。来访者的情绪压抑了好久，来访者说了好多……心理咨询师一次又一次让来访者分别坐在两把不同的椅子上，跟自己的另一部分对话。来访者的内心就慢慢地由一种不平衡的状态达到一种平衡状态。强大的自己与弱小的自己握手言和了。最后，来访者把两把椅子叠到了一起，并对心理咨询师说："我想说的是，不论强大的自己还是弱小的自己，其实都是真实的我。"心理咨询师当时也被这句话深深地感动了。

除了建立在两极概念上的双椅技术之外，在未完成事件的工作路径中，格式塔取向的心理咨询师还会充分利用大小椅子展开丰富的实验。格式塔心理咨询是科学与艺术的融合，尽管本书能够提供一系列系统化的工作路径，以便作为循证研究的基础，但是读者及格式塔取向的心理咨询师依然不能忘记格式塔心理咨询的艺术性部分。

思考

作为格式塔心理咨询中的经典工具，空椅子在格式塔心理咨询的运用中与在其他流派的运用中有何不同？

参考文献

GREENBERG L S，MALCOLM W. Resolving unfinished business：relating process to outcome［J］. Consulting and Clinical Psychology，2002，70（2）：406-416.

第 15 章
梦工作

虽然很多心理咨询流派都注重对梦的工作，但是格式塔心理咨询的梦工作与精神分析、荣格心理分析的梦工作有本质上的不同。精神分析更多采用解释和分析的方法。皮尔斯认为，格式塔心理咨询对梦的工作并不聚焦于解释，而是强调"梦的含义只能通过梦者对梦的探索和实验才有可能被发现"。它是遵循现象学的呈现、描述这种基本路径的一项技术。它更注重当事人的感受与体验，希望个体能有觉察力或自我意识。

梦是现实生活的完形

梦工作原则的第一点是要明白梦是现实生活的完形。在开展梦工作之前，心理咨询师首先要对梦有一个全新的认识。例如，我们经常讲，梦是现实生活的完形，大家怎么理解这句话呢？梦是现实生活的完形，也就是说，很多时候，人们做梦是因为他们的情绪、能量、需要被压抑了，无法得到满足或释放，就只能在梦里满足这种需要。例如，你跟领导吵架了，结果晚上你做了一个梦，梦见领导出了车祸，甚至领导的腿都断了。于是，你在梦里笑得很开心。梦是人们内心潜意识需要的完成，即梦是现实世界的完形。

一位来访者处于青春期，他每次上课的时候都会对自己阴茎的勃起有一种罪恶感，导致每天上课的时候都非常紧张。所以，他上学的时候会用胶带把阴茎绑得非常紧。在交流中得知，他曾在上课的时候用手不断地触碰隐私部位，被老师发现后，老师在众目睽睽之下严厉批评了他，说他不要脸，很丢人。听到这些话后，他心里很难受。周围的同学都向他投来异样的目光，认为他是变态，是一个有严重心理问题的人，大家开始疏远他。他心里也很困扰，他无法和周围的同学交流，内心里对老师也有深深的愤怒。随着心理咨询的深入，心理咨询师让他表达了对老师的愤怒、不满和伤心，以及渴望和同学交往的意愿。在心理咨询的过程中，通过空椅子技术不断深入、渐进式的工作，心理咨询师让他慢慢地觉察到自己内心的力量，他在不断变好的过程中慢慢地释怀了他的羞耻心。他告诉心理咨询师，他这两天在不断地做梦。心理咨询师让他有意识地记录自己的梦。

来访者：我做了一个梦，这个梦特别奇怪，我觉得简直不可能。我在给我的老师拍马屁。

心理咨询师：你能不能详细地讲一下？

来访者：梦里是这样子的，我去找老师请假，老师坐在办公室里。我走进去，老师在帮我写批假条。我就对老师说这个字写得真好看、真美，你简直太优秀了，我很荣幸成为你的学生。我感觉很奇怪，因为我一直对老师是不满的，我怎么会给他拍马屁。

心理咨询师：现在我邀请你开始完成梦里的体验，重新闭上双眼，回到梦里，体验梦里的自己跟老师互动的这个过程，在当下表演出来。假如这边的空椅子上坐着你的老师，你现在走过去，对他表达你的这种欣赏和赞美之情，或者是你说的所谓的拍马屁。

来访者：老师，你这字写得太好了……

说着说着，来访者笑了。

来访者：不可能，不可能，我是不可能这么说的。

心理咨询师：你可以尝试一下这种不可能。

来访者在不断地体验，不断地表达的时候，他的心情越来越好了。

来访者：忽然感觉和老师的距离不是这么远了，好像说完了以后心里更加舒服了。

心理咨询师：现在可以坐下来体会这个舒服。

来访者：其实我一直渴望跟老师沟通，一直渴望能和他有交流。

心理咨询师：OK，你可以按你的意愿尝试一下。

结果，来访者就对着空椅子表达了很多。

本次心理咨询结束后，心理咨询师给来访者留了一个家庭作业。让来访者思考，为自己做些什么才可以完成梦中的场景。在下一次心理咨询中，来访者见到心理咨询师的时候非常兴奋。

来访者：我走到老师办公室里向老师说，我已经想和你沟通很久了。你上课的时候在公众场合下批评了我，我接受你的批评。但是这让我心里非常难受，我一直渴望和你做一些交流。你的举动给我造成了很大的心理影响。我说完以后，没想到老师站了起来，向我深深地鞠了一躬并对我说非常不好意思，其实这些天他过得也非常辛苦，心里也有深深的自责。我如果不去找他，他也想找我，只是他怕我不能接受他的歉意。

听到这个道歉以后，来访者哭了，来访者抱着老师说："你知道我过得多委屈吗？你知道现在同学和我的关系都不好了，你知道你给我造成了多大的影响吗？"老师只是抱着来访者，在表达歉意。事后，老师找了班里的很多同学晚上和来访者坐在一起吃了顿饭。

上述案例中的来访者通过自己的梦看到了自己在现实世界中的需要。来访者内心中渴望跟老师修通关系。来访者通过拍马屁的方式，通过赞美老师的方式在梦里表达了自己的诉求。实际上，来访者在现实生活中更渴望自己与老师关系的修通和完形。所以，这就体现了梦是现实世界的完形。而这种现实世界的完形不是分析出来的，也不是解释出来的，而是通过让来访者体验梦里的每个部分、每个细节所觉察到的。

只有造梦者才知道梦的意义

梦工作原则的第二点是只有造梦者才知道梦的意义。皮尔斯在梦工作中曾经对他的来访者说：你创造了你的梦，你比我更了解它。因此，只有造梦者才知道梦的意义。心理咨询师对来访者的梦给出的分析、解释是不算数的。格式塔心理咨询认为，每个人都有自己的成长背景，每个人也有自己的生活经历。从这个角度来看，纯靠心理咨询师的经验、经历无法透析所有的来访者。格式塔取向的心理咨询师更愿意让来访者体验梦带给他的真正意义。

一位来访者做了一个梦，梦到她在五星级的酒店中，对面坐着一位非常帅气的男士。这位男士留着一撮小胡子，嘴里含着长长的雪茄，笑眯眯地看着她。来访者并没有关注这位男士。来访者通过五星级酒店的玻璃窗向外看去，看到外面种了许多美丽的郁金香花。她感觉非常舒服。来访者说当看到梦里的郁金香花时，花儿非常美、非常漂亮。她特别想出去跟郁金香花儿互动、跳舞，但是她走不出去。听到来访者这样描述，心理咨询师让她体会那个郁金香的花儿，让她现在闭上双眼，尝试着想象自己就是那朵郁金香的花儿，并询问来访者此时此刻的感觉是什么？感受是什么？愿意做些什么？来访者坐在椅子上，身体开始微微地摆动，大口大口地呼吸。来访者说很舒服，很好。这时，来访者从椅子上站起来，依然闭着双眼，她开始扭动自己的身体。好像那一刻她真的成了一朵郁金香花。心理咨询师让来访者待在这种感觉里，试着让来访者去体验。过了一会儿，来访者流出了眼泪。她说自己很孤单，也很寂寞。她渴望别人能够看到她。心理咨询师做了语境上的修复，让来访者把"我很渴望被人看见"表达出来。来访者的情绪越来越大，心理咨询师在她面前放了一把空椅子，试着让来访者想象。来访者想到了她的丈夫，后来她谈了很多夫妻关系的问题。

这就是通过梦的工作让来访者进行体验和觉察，咨询师并没有分析来访者梦中郁金香花代表什么，或者抽雪茄的男士代表什么，玻璃窗又代表什么。心理咨询师只是通过来访者当下的感觉和感受，引发来访者对自我的觉察，从而对自己有新的发现和认识。心理咨询师不要分析来访者梦的意义，而是要更多地让来访者进行体验和觉察。因为是来访者创造了自己的梦，也只有来访者自己体验到的才是梦的真正意义。

梦里的自己才是真实的自己

梦工作的第三个原则是梦里的自己才是真实的自己。现在邀请每位正在学习的你闭上双眼，想想自己以前的任何一个梦，不管你做了什么样的梦，把梦里的自己看成是一个真实的自己。

有位来访者是一名大学老师，他以前在农村生活，后来读完博士留在大城市中工作。他的父母都在乡下。他觉得父母养他不容易，应该报答父母。他也曾经把父母接到城市里居住，但是父母在城市里住不习惯，又回到了农村老家。他和父母经常保持通电话联系，而且他总觉得自己是一个非常孝顺的人。有一天，他的母亲给他打了一个电话，问他："你在的那个大学考试要收多少分？有个亲戚考了某某分，他能不能进入这个大学上学？能不能考上你教的专业？"来访者回答："你可不要瞎给人家许愿望，不要承诺什么，现在都很透明的。你不要给我惹这些事儿，你耽误了人家可是一辈子的事儿，你可不要管这种事。"后来，他很快把电话挂断了。当他挂断电话以后，觉得好像是自己拒绝了母亲，心里很纳闷。因为他一直期待父母有求于自己，自己如今在大城市里又是大学教授，拥有一定的社会地位，特别想回馈母亲。但他发现，当母亲真正有一些小问题和小困扰来请求他帮助时，或者说真正让他能够给到一些建议的时候，他却不能对母亲做些什么，或者说并没有帮助母亲，为此，他心里有深深的愧疚。晚上他就做了一个梦。他梦到在这所城市的中心广场上，他的腿没有了，他跪在地上，手拖着一个破碗在乞讨。周围的人都往他的碗里丢钱，有的人还给他丢了很多金币，他都不看，也不在乎。后来远远地有个人，他看不清楚这个人的模样，只是这个人冲他微微笑了笑。他仔细看着这个人的脸的轮廓，好像看清了又好像没看清。只觉得有一道光束打过来，他忽然站了起来。他发现原来自己是可以走的，他想走过去接触那个人，就醒了。

格式塔取向的心理咨询师会怎样跟来访者就这个梦开展工作呢？心理咨询师让他跪在那个地方做一个乞讨的动作，体验那个感觉和感受。

来访者：此时此刻我觉得很不舒服，我觉得自己像一个罪人。

心理咨询师：当你是一个罪人的时候，你特别想做些什么？或者说你内心有什么感受呢？

来访者：我渴望得到救赎。

心理咨询师让他待在这种罪人的状态里，待在这种渴望得到救赎的状态里，假装扔一些东西给他。来访者认为，那些对他是一种侮辱，是让他蒙羞。来访者并不抬头看，只是体验那种状态。后来，心理咨询师让来访者抬头看前面有一道微光，有一个模糊人影的时候，他忽然感受到身体有力量了。心理咨询师问他看到了什么，来访者说仿佛看到了妈妈在对他笑。这一刻，来访者忽然明白了，原来他在祈求妈妈的救赎与原谅。当妈妈冲他笑的时候，他站了起来，觉得他好了，渴望走近母亲。原来梦里的那个自己才是真实的自己。

心理咨询师对梦开展工作，不管是哪个流派，如果能理解梦工作的几个比较重要的原则和意义，将来对梦工作就会有一些新的认识，对心理咨询是有助益的。

梦工作的技术与干预

心理咨询师到底应该怎么样开展梦的工作呢？或者说，梦的工作到底该怎样开展呢？

安东尼奥·西切拉（Antonio Sichera）表示，梦是在关系中产生的，在"我"与"你"之间当前的经验中不断发展，格式塔心理咨询可以将梦工作路径进行细化。

首先，当一位来访者想要和心理咨询师探讨自己的梦时，心理咨询师邀请来访者对他的梦进行第一次描述，即对梦境做一个大体的表述，以便让心理咨询师了解整个梦境的结构和内容。在这个过程中，心理咨询师保持倾听就好，不必介入，也不必引导话语的方向，而是让来访者充分、自由地表达。

其次，在完成第一个阶段后，心理咨询师会邀请来访者进行第二次描述。这次心理咨询师要参与到来访者的表述中，但主要的工作是澄清梦境的细节，也就是促进来访者对梦境的描述更加整体和细致，而且需要加上来访者的深入体验和感受。在这个过程中，来访者对于梦境的感知会更为敏锐。

最后，心理咨询师邀请来访者直接在当下还原梦境，将梦境通过自己的躯体、行为和表达做真实的还原。也就是让梦者在当下"身临梦境"，让梦成为当下场中的一种现实。这种直接的呈现会进一步激活来访者内在更为深刻的体验，伴随着这种体验，来访者会有更深的觉察。在激活阶段，来访者在当下充分体验和觉察的状态中与自己所遭遇的问题、个人的困扰做联结，将梦境与现实做联结，以此引发顿悟。

来访者：我梦见一个好久没见过的同学。她以前穿衣服都是偏中性的，很随意。这次我梦见她穿了一件很漂亮的裙子。

心理咨询师：哇！（很惊喜的感觉）现在你感觉怎么样？（关注，好奇心）

来访者：有些紧张。

心理咨询师：没关系的，来，深呼吸。（引导呼吸放松训练）

来访者：（吸气……呼气……）

心理咨询师：来，我们一起来深呼吸，一起吸气……呼气……（注意到来访者由于紧张，难以放松）

　　在心理咨询师的带领下，来访者做了数次呼吸放松训练后，身体放松了一些。

　　来访者：现在好一些了。

　　心理咨询师：请你再详细说一说你的梦吧。

　　来访者：她是我的一位中专同学，我们关系很好。在梦里，她穿了一件粉红色的碎花连衣裙。她平常从来没穿过那样的裙子，我感觉很奇怪，因为她从小都没穿过那样的衣服。其他的我就记不清了。

　　心理咨询师：嗯，是这样一个梦的片段，一位中专同学，穿了一件粉红色的碎花连衣裙（澄清，反馈）。

　　心理咨询师：做完这个梦，醒了以后，你当时有什么感觉？（内部觉察）

　　来访者：好久没见了，感觉挺想她的。我想她是不是有什么变化呀？还是有什么事情？

　　心理咨询师：我们来看一下这个梦，"中专女同学""粉红色的碎花连衣裙"，梦里你的同学是在什么样的环境里？（具象化）

　　来访者：是在室外，在外面。

　　心理咨询师：你的感受是什么？（内部觉察）

　　来访者：当时我的感觉就是……很惊喜。

　　心理咨询师：刚才你在说"她穿着粉红色的碎花连衣裙"这句话的时候，你的感受是什么样的？（内部觉察）

　　来访者：我觉得很奇怪，她不应该穿这样的衣服。

　　心理咨询师：你说的"不应该"是什么意思？（澄清，精准觉察）

　　来访者：她平常就是穿牛仔裤，那种不带颜色的衣服。

　　心理咨询师：也就是说，她这次的穿着是有一些变化，有一些不一样的。（澄清内容）

　　来访者：是的，我觉得她变了。

　　心理咨询师："变了"，很好，我听到你刚才用的词有"变了""惊喜"。（精

准觉察）

心理咨询师：听我复述你刚才说的这些形容词，你有什么感觉？（内部觉察）

来访者：我不知道发生了什么事情，怎么变这样了？好长时间没有见她了，是不是应该去见见她了。

心理咨询师：嗯，很好，你在想她。（澄清）

心理咨询师：我们来看看你说的这些词"变了""惊喜""碎花"，你想起了什么？（联想）

来访者：她变成小孩了。

心理咨询师：小孩，变成小孩的感觉好不好？（重复，跟随）

来访者：应该是挺快乐的。

心理咨询师：嗯，快乐。（关注，跟随）

心理咨询师：来，深呼吸……（缓慢地）好，闭上双眼，想一想，梦里的那位女同学。（实验，具象化）

心理咨询师：很模糊，几乎看不到她的脸。她穿着一件粉红色的碎花连衣裙，她看上去很快乐。她在远远地看着你，她告诉你，她很快乐。粉红色的碎花连衣裙……她很快乐……带给你很多惊喜。在这个感受里待一会儿……很快乐……很高兴……很惊喜……她远远地，像个小孩。好，放松，放松，调整呼吸（缓慢地深呼吸）。好，慢慢地睁开双眼。

心理咨询师：你感觉怎么样？（内部觉察）

来访者：感觉我好像看到了小时候的那位同学。

心理咨询师：嗯，你看到了小时候的同学。（重复，跟随）

来访者：嗯……我又觉得，那是小时候的自己。

心理咨询师：嗯，很好，讲到这儿，我看到了你的情绪变化，你现在感觉怎么样？（内外部觉察，积极关注）

来访者：（哽咽）那个时候的我很天真。

心理咨询师：很天真、很快乐，是吗？（澄清）

来访者：很快乐，无忧无虑。

心理咨询师：是不是无忧无虑？（重复，澄清）

来访者：（哽咽不能言）

心理咨询师：那个感觉好不好？（关注跟随，引发思考）

来访者：（抽泣）无忧无虑。

心理咨询师：很快乐，很好，这是幸福的眼泪，因为你想到小时候了。来，咱们调整一下呼吸，好不好？（充分体现出尊重）

来访者：（深呼吸，放松）

心理咨询师：好，你现在感觉怎么样？（此时此刻，内部觉察）

来访者：感觉现在还是有压力。

心理咨询师：这个压力，你能描述一下吗？（积极关注，好奇心）

来访者：（思考）现在我上面有老人，下面有孩子。其实有时候，我感觉这些很正常……

心理咨询师：感觉很正常。（重复，关注跟随）

来访者：因为这时，老人也会生病，孩子也需要照顾。

心理咨询师：你很坚强。（鼓励，支持）

心理咨询师：让我们一起来看看你这个梦。一个小女孩，穿着粉红色的碎花连衣裙，非常快乐。你想她，非常想她。她带给你惊喜，让你有一些变化。这个梦的最后我们遇到了什么？（引发思考）

来访者：自己。

心理咨询师：是的，这个梦帮助我们遇到了自己，我们自己有"惊喜""变化"。好，我们一起深呼吸。

来访者：（深呼吸，放松）

心理咨询师：请表达一下你此时此刻的感受。（内部觉察，关注变化）

来访者：刚开始我觉得做这个梦也没有什么感觉，就是突然想到了那位同学。因为很长时间没见了，所以我想是不是应该联系一下，跟她见见面，看她有没有什么改变，甚至对她有一点担心。但是刚才您对我的梦这么一工作，她

145

变成了小时候的我，就是一个小孩，很开心、很天真的样子……我很怀念那种感觉。

心理咨询师：非常好。

格式塔取向的心理咨询师会看到对于梦的理解依然是建立在潜意识的基础上，将梦境与现实进行联结，也是将潜意识意识化的一种表现。格式塔心理咨询对于梦的意义的理解并非建立在还原论的基础上，而是更具有建构论的倾向，关注图像和声音之间接触的价值及由此产生的此时此刻的体验。从格式塔的角度来看，梦是个体自然创造力的典范。梦的意义来自来访者本身，不再通过还原论后的原始象征进行一种诠释，而是与来访者个人独特的生命经验息息相关，因此梦才更具有觉察性的空间。格式塔心理咨询的梦工作就是当来访者在表达梦的时候，心理咨询师更多地做到跟随和描述。

格式塔心理咨询的梦工作在咨询中的运用是触发来访者获得觉察的一种创造性的选择，通过梦工作，心理咨询师可以识别来访者的心理问题，帮助来访者化解心里的困扰。工作的核心不是指向梦的内容，而是来访者在当下真切的体验和充分的觉察，以此带来改变。在实际运用中，格式塔心理咨询的梦工作并不会刻意进行提前设置（例如，心理咨询师并不会提前与来访者商量在这次心理咨询过程中对某个特定的梦进行工作），而是在当下情境中，根据来访者提出的议题进行即时的、创造性的实验。

当人们在生活中有压抑、有情绪，却无法在现实层面得以表达时，就会以梦的形式出现。在格式塔心理咨询梦工作的过程中，我们通常会关注到来访者讲述梦境中的时间、地点、人物、事件和感受。

梦里的场景是什么时间？你小时候，还是最近……

梦里的地点是哪里？是家里、单位、田野、街道……

梦里出现了哪些人和物？父母、家人、朋友、同学……石头、屏风、门、云彩、海水……

梦里发生的事件是什么？逃跑、旅游、打斗、爬楼梯……

梦里及梦醒后的感受？兴奋、紧张、害怕、着急……

这些都是有意义的，格式塔心理咨询的梦工作遵循对来访者的高度尊重及让其真实自我得以呈现。皮尔斯曾经说过，在试图解释一个梦的时候，至少在一开始，把梦中所有人和梦的所有特征都看作投射。也就是说，看作梦者自己人格的一部分，因为他才是梦的创造者。当来访者能够赋予自己梦境意义时，这种觉察和顿悟所带来的收获也会更为深刻和真切。这也是格式塔心理咨询梦工作的精髓所在。

思考

1. 格式塔心理咨询的梦工作与精神分析的梦工作有何不同？

2. 结合自己的经验，你如何理解"梦是现实世界的完形"这句话？

参考文献

［1］EUDELL-SIMMONS E M，HILSENROTH M J. A review of empirical research supporting four conceptual uses of dreams in psychotherapy［J］.Clinical Psychology and Psychotherapy，2005，12：255-269.

［2］SICHERAL A. Therapy as an aesthetic issue：creativity，dreams and art in gestalt therapy［M］. Springer Vienna：Creative license，2003.

［3］PERLS F，HEFFERLINE R，GOODMAN P. Gestalt therapy：excitement and growth in the human personality［M］. Highland，N.Y.：Gestalt Journal Press，1994.

第16章
移情

对移情开展工作

在心理咨询圈里流传着一句话：无移情不关系。很多心理咨询师都会谈这句话，没有移情就没有关系。这句话也表达了移情和关系之间的相互影响，是移情也是资源。格式塔取向的心理咨询师和其他流派的心理咨询师在针对移情开展工作时，又有哪些不同呢？

来访者：今天我感觉你没有跟我在一起，所以我现在非常不高兴。我发现在心理咨询的过程中，你刚刚讲的这些东西，好像对我的分析太多了。我甚至对你是很不满的，我忽然对你有一些厌恶的感觉。

心理咨询师：看起来你对我有些失望和不满，而且你在表达的过程中，声音是上扬的。如果我今天的表现对你造成了这样的一种状态，我很抱歉，也很遗憾。我能不能理解为你想跟我在一起呀，期待我能够更好地理解你、支持你，是这样的吗？

此时此刻，作为心理咨询师，如果你面对这样一位来访者，你会怎样回答？来访者对心理咨询师的态度和情绪有了明显的变化。在这个过程中，心理咨询师先做了描述，又做了共情，真实地表达了自己，有自我暴露，还要做澄清。澄清是带有指向性的。当心理咨询师说出这些话时，来访者的身体立刻放松下来了，声音不那么上扬了，马上回到一个非常真实的状态里。格式塔取向的心理咨询师帮助来访者看到了自己的移情，让来访者的移情反应消失了。

怎样让移情成为一种资源？回到刚才的案例，接下来你会怎样跟来访者开展工作呢？心理咨询师可以使用空椅子技术让来访者看到自己的移情，让来访者面对着这把椅子，表达出来："此时此刻，我很想和你在一起。"或者用更直观、更大胆的方法——"我 - 你关系"。

心理咨询师：你愿意把刚刚我澄清的，让你理解到的部分告诉我吗？

来访者：我想和你待在一起，我渴望得到你的理解。

来访者重复几遍后，情绪稍微有一些变化了。心理咨询师立刻嵌入空椅子技术，让来访者面对着椅子继续表达："我想和你待在一起，我渴望得到你的理解。我想和你待在一起，我渴望得到你的理解……"心理咨询师使用放大技术，让来访者反复重复语言，放大他的情绪状态。来访者的情绪暴发了，抱着椅子哭了。这时，来访者说了一句话："爸爸，你抱抱我。"作为他的心理咨询师，那一刻我非常感动。原来，来访者的父亲前两天得了重病，来访者每天都要照料父亲。他自己的压力也非常大，感觉就像天塌了一样，没有人再能给他支持。那个健壮的父亲骤然躺倒在床。因此，在心理咨询的过程中，来访者想到了父亲，对心理咨询师产生了移情。心理咨询师帮助来访者回到他和父亲的关系上，回到来访者对父亲的渴望、希望得到父亲的理解和支持这个需要上。因此，在这个过程中，非常重要的一点就是，心理咨询师一方面要帮助来访者看到自己的移情，另一方面要帮助来访者消退他的移情。

对反移情开展工作及心理咨询师的自我开放

上述案例中的来访者在心理咨询结束后离开的时候说："非常抱歉，今天不好意思，我要向您道歉，今天我好像对您很不尊敬。"心理咨询师笑了笑告诉他："希望你能有所收获。"来访者离开以后，心理咨询师个人也是久久不能平静。或许有人会在这一刻觉得心理咨询师反移情了。创造性的中立原则及接触是要看当时的情景的。心理咨询师如果没有人性的一面，这样令人感动的画面如果都无法让你有所触动，你就失去了哭泣的能力，也就意味着你的职业生涯枯萎了。

心理咨询师面对来访者的移情时，或者自己升起情绪、情感反应时，不要慌张，也不要自责。心理咨询师首先要认识到，自己是一个人，而不仅仅是心理咨询师。心理咨询师自己有良好的情绪和情感，才能够感知他人的情绪和情感，这个对格式塔取向的心理咨询师是非常重要的。而心理咨询的技巧性部分则在其次。前面各章在不断地讲到自我开放，这对格式塔取向的心理咨询师而言是非常重要的一项技术，也是一种必备的能力。在来访者面前，心理咨询师能够在多大程度上自我开放？如果用手部动作表示，就是双手在慢慢地打开，而不是一下子打开。开放是渐进式的，通常都是一点一点地逐渐开放。有的心理咨询师会对来访者说，其实我也是这样的人，我年轻的时候……这种做法并非表明心理咨询师具有开放能力，反而表明其边界感不足，未能把握开放的适度与渐进原则，开放程度过大。这类心理咨询师可能会花 30 分钟讲自己，而来访者可能会眼睁睁地在听心理咨询师讲故事。如果没有接受过专业训练，很多时候，心理咨询师是挣着来访者的钱治着自己的病，满足自己的需要。所以，我们要牢记，心理咨询师的自我开放是渐进式的。

心理咨询师的自我开放指的是开放什么呢？开放心理咨询师的自我信息和内在感受，其实就是心理咨询师呈现真实的自己。当心理咨询师不断地自我开放时，就会影响来访者，让其也不断地开放自己，开始对这个世界产生好奇，对自己的生命产生好奇，对周围的事物产生好奇，对心理咨询师产生好奇……

一位来访者不敢接触其他人，经常把自己封闭起来，待在家里，不愿意相信任何人，因为他小时候曾遭受过父母的虐待。有一天，她鼓起勇气走进心理咨询室，开始接受心理咨询。在心理咨询的过程中，心理咨询师从来没有要求她尝试着跟世界接触。但是她在一点点地好转，一点点地发生改变。她会给心理咨询师讲她的创伤历程，她的未完成事件。很多时候，心理咨询师听了都感觉非常震惊，会想世界上怎么会有这样的父母。在面对来访者如此坦诚、如此开放地向心理咨询师表达一切的时候，心理咨询师也会自我开放。当然，心理咨询师要做的是开放情感、感受，而不是评判。心理咨询师说："听你讲了这么多，我心里很难受。假如我是你，我一样会很无助，心里非常难受。"随着心理咨询的推进，她开始有意愿接触他人。有个男孩在追求她，她愿意敞开心扉，跟这个男孩谈恋爱。一切看起来都是如此完美。似乎，她在心理咨询师的帮助下开始走出自己的心理阴影。有一天，她告诉心理咨询师："你知道吗？我唯一信任的那个人，那个唯一让我愿意寄托人生的人，死了。"她在心理咨询师面前痛苦地哭着，哭得很伤心。那时那刻，心理咨询师坐在那里，身体僵住了，不知道自己可以做些什么。心理咨询师想了很多，她好不容易开始愿意接触这个世界，开始有了对人的信任感，开始愿意把自己的生命和他人的生命联结的时候，那个人却忽然消失了。那一刻，心理咨询师坐在那里眼泪不自觉地流下来。那一刻，心理咨询师除了流泪，真的不知道做什么。那个眼泪不是装出来的，那个眼泪是真实的。心理咨询师没有急于拿纸巾擦拭眼泪，而是让它自然地流出来。这时，来访者抬起头看到心理咨询师的眼泪，她惊呆了，说："我讲过我小时候受过那么多创伤，我讲过我内心多么恐惧，我从来没有见过您这种状态。"她一边擦拭着自己的眼泪，一边表现出好奇的样子。然后她笑了，说："此时此刻我感觉我并不孤单，好像有人愿意支持我，好像我不是一个人，好像还有人愿意为我流泪，虽然你是我的心理咨询师。"后来，她渐渐地好了起来，开启了新生活，活出了新生命。

有的来访者刚坐下，就问心理咨询师："你不会给我'洗脑'吧？"看得出来，来访者有些紧张不安，对心理咨询师有些怀疑……在所有心理咨访关系的起始阶段，来访者都会心存诸多疑虑。例如，他能帮到我吗？他靠谱吗？心理咨询有用吗？他想对我做什么？贝瑟在《改变的悖论》中曾言：与任何来访者进行咨询性对话的目的是让一位格式塔取向的心理咨询师帮助来访者成为他自己，而不是成为他人。因此，找出谁是来访者和表现出谁是心理咨询师同等重要，这是共创性咨询与治疗的开始。所以，心理咨询师从开始就要持续保持存在主义的态度和适度的自我开放，这尤为重要。

思考

站在格式塔的角度，你如何理解"无移情不关系"这句话所表达的意义？它在格式塔心理咨询中的体现是什么？

参考文献

KEPNER J. Energy and the nervous system in embodied experience ［M］. G Marlock，H Weiss，Eds. The Handbook of Body Psychotherapy and Somatic Psychology. Berkeley，C.A.：North Atlantic Books，2015：600-614.

第四篇
应用篇

第 17 章

格式塔团体心理咨询

格式塔心理咨询已经被广泛地应用于各个领域，在这些领域的应用过程中，有时候由于时间、目标人群等各种因素，个体心理咨询达不到工作目标。为了提高心理咨询的效率与效果，需要开展格式塔团体心理咨询。在团体情景下，通过团体内人际交互作用，使个体在交往中可以通过观察、学习、体验、认识自我、探索自我、接纳自我的方式，调整、改善与他人的关系，习得新的态度与行为方式，发展适应良好的真实自我，帮助个体健康成长。20 世纪 90 年代初，团体心理辅导传入我国，也被称为团体咨询、团体训练和小组工作等。

格式塔团体心理咨询的形成和特点

格式塔团体心理咨询也是个人成长中非常重要的一部分，对患者的康复颇有助益。在我国，很多医院都在做这方面的一些尝试。那么，格式塔团体心理咨询究竟是如何发展而来的呢？

早期时候的格式塔团体心理咨询是所有人对单个人的关注。皮尔斯作为带领者跟一位团体成员进行工作，其他成员则主要观察和观看，没有太多参与。这位成员在众目睽睽之下被疗愈了，其他成员可能通过观察该成员被疗愈的过程，自己也会受到一些启发。这就是格式塔团体心理咨询发展中叫作单焦点模式的热椅子团体，是在皮尔斯工作坊的基础上形成的。20 世纪 70 年代末 80

年代初，在克里弗兰兴起了过程性团体，这个是由非常著名的格式塔取向的心理咨询师辛克提出来的。这种过程性团体更多地开始关注、发现团体成员之间的相互接触、相互交流，团体成员之间通过接触和交流发现自己，觉察自己。心理咨询师更多秉持的是一种陪伴、跟随的状态，所以也把这种形式叫作克里弗兰团体或过程性团体。

20 世纪 90 年代，团体不断地发展。很多格式塔取向的心理咨询师发现，不能摒弃皮尔斯的遗志。在过程性团体中，团体成员在互动的过程中确实有觉察，确实有成长。但是，很多时候并不能够完全地聚焦于每个人。后来，辛克又结合了皮尔斯提出的热椅子概念，将二者做了整合。既关注团体中的热椅子，将动力聚焦于某个人身上；又注重团体成员的参与，注重团体成员之间的互动。所以，人们把它叫作双焦点模式的团体。

格式塔团体心理咨询的设置

在一些动力很强的团体中，团体成员有时候会相互攻击。而格式塔团体心理咨询不是这样的，它更温暖，因为它强调的是描述、反馈、感觉和感受。在确立了团体的功能后，在初次访谈时，带领者要告知每位进组的团体成员格式塔团体心理咨询的定义、规则和方法等。这个过程是团体心理咨询的第一个阶段叫作团体的组建阶段，实际上是带领者了解每位团体成员的状态、成长背景和对团体的期待等信息。第二个阶段是团体的建成阶段，也叫作团体成员之间的互动阶段。在团体组建完成后，带领者会让团体成员相互认识。团体成员相互认识、相互交流的过程是为让每位团体成员意识到自己在团体中的存在，同时启动团体的动力。例如，带领者可能会问团体成员此时此刻的感觉是什么。此时，带领者会运用"轮转"技术，在格式塔中也叫绕圈子技术，即让每位团体成员表达此时此刻坐在团体里的感觉和感受。当团体成员之间不断地开始进行交流、产生交互作用时，他们会发现团体成员开始卸下防御，团体的氛围越来越温暖。当团体氛围越来越温暖时，他们就会发现，这个团体的动力自然而然地聚焦到了某个人身上,那么该团体就进入了第三个阶段,这个阶段叫作团体的动力聚焦阶段。在团体的动力被聚焦后,带领者就会把动力象征性地放到某把椅子上,该椅子被称为热椅子。此时,团体动力聚焦到了谁身上,接下来带领者就会跟谁进行工作。

下面我将通过一个案例来阐明什么是格式塔团体心理咨询。在一次 HIV 感染者的团体心理咨询中,很多团体成员进来的时候都做了"自我保护":他们有的戴着口罩,有的穿着羽绒服,还有的戴着厚厚的帽子。在团体开始之初做入组访谈的时候,心理咨询师会收集团体成员名字等一些基本信息。此时,他们看起来还有很多防御。当他们坐下来时,心理咨询师从团体动力的启动开始,希望团体成员之间有一些互动。心理咨询师的表达方式大家一定要注意,如你希望我怎么称呼你? 而不是问你叫什么名字? 在团体里一定要注意保密,虽然都签署了保密协议,但很多时候在团体成员刚进来的时候,特别是在特殊人群的同质性团体中,很多团体成员可能都会给自己起各种代号。团体成员有了代号就方便开始工作了。当然,一开始通常还是比较艰难的,大家都不愿意交谈。但是,带领者依然可以不断地提升团体动力。带领者可能会发现,有的团体成员很紧张,有的成员非常着急。心理咨询师作为带领者,精准地觉察到这些紧张、着急的情绪后,可以让团体中的某位成员体验自己的紧张和着急。当一位团体成员讲:"这时,我确实很紧张,也很害怕。我忽然想到了每当我回家时,我会拿一条单独的毛巾,我不希望别人触碰我的这些东西,我也不希望我的家人知道我得了这种病。"在这位团体成员表达完后,因为是同质性的团体,很多团体成员开始表达同样的感觉和感受:"对对对,我和你是一样的。"就是这样的一个话题,引发了团体成员之间的共鸣,互动便开启了。有共鸣的话题也是团体心理咨询中非常必要的疗效因子。因为这可以提高团体的凝聚力,所以团体成员的同质性在这方面具有其优势。

引发共鸣之后,团体成员之间开始交流、互动,团体的动力开始慢慢地形成。动力形成后,自然而然地就会聚焦于某个人身上。一位团体成员是这样表达的:"我已经好久没有跟我的儿子交流了。我的孩子很小,自从我感染了 HIV 以后，我就没法跟他互动了。我总觉得自己没法接触他、亲近他、拥抱他，因为我是一位 HIV 的感染者。"这位团体成员不允许自己接触自己的孩子，此时，心理咨询师在团体中间放了一把小椅子，让这位团体成员想象此时此刻他的孩子坐在这里，他开始想触碰，但是又退回来了，他说他走不过去。虽然其他团体成员都在替他加油，都在说："你可以的，你是最棒的。"但是看得出来，这位团体成员的抗拒性很强，他无法做到。这时，心理咨询师就开始问他还记得孩子三岁的时候，跟孩子互动的那种感觉、感受和体验吗？他说记得，心理咨询师让他回想孩子三岁的时候是怎么样的？他怎么样跟孩子玩儿？怎么样跟孩子交流？就这样，心理咨询师让他想象此时此刻自己回到了孩子三岁的画面中。面前的这把小椅子就是那个三岁的孩子，带领者让他走过去。最后，当他用双手握住椅子、抱着"孩子"的那一刻，他流下了眼泪，哭得很痛苦。在场的所有成员都流下了眼泪，大家都被他感动了。此时，团体动力就完全聚焦了，所有人都在关注着这位团体成员，心理咨询师和这位团体成员之间形成了团体的图像，其他人都成了背景，这就是团体动力的聚焦。当这位团体成员能够触碰他的"孩子"时，他表达了很多，把他内转的情绪、所有想对孩子表达的都说了出来。那一刻，这位团体成员放下"孩子"，他说等回去一定要给孩子一个拥抱。在动力聚焦结束后，动力是要消退的，所以进入另一个阶段，带领者要做替代性治疗。心理咨询师跟这位团体成员工作完以后，他们都退到背景里，其他团体成员开始分享。很多团体成员都哭了，纷纷表达自己的感觉和感受是什么。这个团体活动进行得非常流畅、融洽。后来，这位团体成员还给主办方写了一封信，信中称他回家终于可以抱自己的孩子了。

孕妇团体心理咨询

格式塔团体心理咨询的应用有很多，这里以孕妇团体为例向大家介绍格式塔团体心理咨询的具体应用。

　　孕妇团体心理咨询是以孕妇为对象，咨询的目标、原则、内容和方法等需要根据孕妇的身心特点和具体情况确定。女性怀孕的过程是人生的重要历程，对个人的身体、心理和社会地位等方面提出了很高的要求。怀孕后，孕妇的生理和心理都会发生一系列变化，高水平雌激素和孕激素可能会导致中枢神经系统功能亢进，导致孕妇产生焦虑情绪反应。

　　从"自我两极理论"来看，惩罚性的自我评价是焦虑情绪产生的原因之一。此外，有些孕妇会由于应对成长环境、生命中的重要他人、生活中的未完成事件等情景的需要，从而形成一种创造性调整。久而久之，个体的这种创造性调整可能会形成一种习惯性反应，面对事情会有一种僵化的应对模式，产生"我不能""我不行""我做不到"等内射信念。这时"我不能""我不行"的"弱我"作为图形凸显出来，"强我"潜移默化地处于背景之中。当个体无法在"强我"与"弱我"的两极之间有弹性地流动，而固着于"弱我"一极时，自信、勇敢的"强我"会受到破坏，个体的健康发展由此受到阻碍。孕妇长期沉浸在消极、否定自我的状态中会影响其分娩过程、分娩结局及孕妇自身与胎儿的健康发展。为了缓解焦虑情绪，格式塔心理咨询的一种方法是通过让"强我"与"弱我"开展对话，鼓励个体减少自我批评、自我否定，发展自我宽恕，从而使"强我"与"弱我"得以整合，化解焦虑情绪。

　　在大量临床实践和实务工作中，本书作者运用格式塔心理咨询的理论和技术，通过不断探索研究，总结出了适用于孕妇团体的科学有效的团体心理辅导方案。这将有助于缓解孕妇的焦虑情绪，提高分娩的自我效能，促进孕妇心理健康、生理健康与心理社会适应性。

　　格式塔孕妇团体心理咨询方案是建立在"体验循环"的理论基础上，共包括六个单元，即"孕妈妈初相识""进入觉察的奇妙世界""我的核心信念""我的两极""理想中的妈妈""憧憬未来与感恩相遇"。

　　"孕妈妈初相识"单元旨在启动团体成员的感知觉。感觉阶段是指有机体自动出现能量不足或能量过量的现象，某个图像会逐渐从背景中凸显出来。在此阶段，团体带领者通过呼吸训练鼓励团体成员停留在此时此地，提升或扩大其对当下体验的觉察。一方面，带领者帮助成员把觉察聚焦在那些被忽视或回避的方面，让成员逐渐觉察到意识之外的体验，更好地了解自我，了解自己的需求，从而为后期探索自己真实的内在需要奠定基础；另一方面，带领者通过呼吸训练可以帮助成员有效地缓解其焦虑情绪。

在"我的核心信念"这一单元，通过活动设置，带领者帮助团体成员探索自己的内射信念。之后，团体成员分享、交流并讨论解决方法。通过同伴与带领者的支持，带领者帮助团体成员觉察自己焦虑信念的夸大性、过度概括和灾难化，并引导团体成员通过现象学描述的方法，对分娩做出创造性调整。

"我的两极"单元，通过活动设置，带领者可以帮助团体成员看到自己强大的部分和弱小的部分。分娩自我效能感低的孕妇存在不自信、胆小、害怕、弱小等信念，有着惩罚性的自我评价，固着于"弱我"一极，长期沉浸在消极、否定自我的状态中。带领者运用双椅技术，促进团体成员分别与强大的自我和弱小的自我接触、对话，最后促进自我的整合。

"理想中的妈妈"单元有利于帮助孕妇采取恰当有效的行动，与自我、环境进行完全、充分的接触，在需求得到满足后，个体便能从容地面对分娩。该单元的活动设置有助于巩固和加强孕妇自我中自信的部分，使其与自我中自信的部分、分娩、孩子充分地接触，强调母亲角色，获得满足感。

"憧憬未来与感恩相遇"单元，带领者引导团体成员处于一种内在稳定、平衡状态，使其能量得到满足与消退。通过活动设置，带领者引导孕妇深切地体验怀孕、分娩、增添新的家庭成员带来的幸福感与满足感，促进团体成员的内在稳定与平衡。

思考

格式塔团体心理咨询经历了多次创新变革，你如何看待这些变化？你觉得下一个阶段的发展有可能是怎么样的调整？

参考文献

［1］张纳，秦玲，翁玲玲，等．产前焦虑对脐血流动力学、分娩质量及胎儿围生结局的影响［J］．国际精神病学杂志，2018，45（5）：901-903.

［2］JOYCE P，SILLS C. Základní dovednosti gestalt psychoterapii［M］. Praha：PORTÁL sro，2010.

第18章
格式塔取向的心理危机干预

个体在遭受重大灾害、遭遇重要生活事件或精神压力而又无法克服时，容易产生心理危机状态，即产生焦虑不安、痛苦的情绪，常伴有绝望、麻木不仁及植物神经症状和行为障碍。近两年，由于受新型冠状病毒的影响，很多人都产生了不同程度的心理危机。作为心理工作者，我们如何做好心理危机干预的工作呢？

格式塔取向心理危机干预的主要观点

危机干预需要系统的视角

格式塔即整体的意思，整体往往大于部分之和。危机干预所要处理的问题不仅仅是症状本身，更应该关注心理危机形成的生态环境体系。不同人群暴露的环境不一致，其问题的呈现模式也各有区别。危机干预首先应立足系统的视角，分析和判断危机产生的复杂环境。这样才能更好地理解心理危机的产生，还原事实的真相。

危机干预需要立足于现象学的视角

格式塔心理咨询源于现象学的认识论，即主张抛开个体的主观假设和经验，通过现象描述还原事物的真正本质。在危机状态下，个体往往会陷入强烈的情绪反应，失去对身体和环境的基本觉知，从而形成对自我和环境的虚假认识。因此在危机干预中，心理咨询师应立足于现象学视角，始终保持自我的开放态度和强烈的好奇心，把干预的重点集中在"是什么"的描述上。这样才能提高个体对自身问题的觉察力，真实面对危机所造成的困扰。

危机干预需要立足发展和人本主义的视角

格式塔心理咨询整合了人本主义的发展观，认为人们在面对困难时具有解决自身问题所需的一切潜能，强调个体自身具有不断趋向成熟并创造满意生活的发展趋势。人要成熟，就必须在寻找自身的生活方式中发展出为自己负责的行为模式。危机干预的最终目的不是要消除症状本身，而是要重新启动个体自身的潜能，助其做出对自己负责任的行为选择，从而达到心理的平衡状态，保持心理健康。

格式塔取向心理危机干预的具体建议

注重此时此地的觉察

提高个体的觉察力是格式塔心理咨询的基石，因为人类天生就会以某种方式应对危机或灾难。当人类感知到威胁时，会开启应激响应系统，身体做出战斗或逃离的准备；同时认知功能受阻或关闭，当身体的生物化学成分发生变化时，情绪反应也会随之增强；个体对严重危机的最初反应往往是否认和震惊，这就好像在思想和精神上阻碍了新的、可怕信息的形成。对受害者而言，他们感觉麻木、茫然，或者被冻结在原地，即失去了对身体和环境的觉察力。因此，在危机干预中，心理咨询师要重视当事人对此时此刻正在发生事情的非语言感受和知觉。心理咨询师可以通过鼓励来访者停留在此时此地、提升或扩大其对当下体验的觉察，把其觉察聚焦在那些被忽视或回避的方面，从而让其逐渐觉察到意识之外的体验，更好地了解自我，了解自己的需求。心理咨询师可以运用下列语言引导来访者对自己的身体、周围环境及自己的想法保持精准的觉察，即格式塔的"三维一体，精微觉察"技术：你现在感觉怎样？我注意到你说话语速有些快，身体有些僵硬，呼吸有些急促，你是否注意到这些？你能听到些什么？当你说话时，眼泪夺眶而出，你想到了什么？

慎重处理情绪问题

在危机状态下，个体往往容易陷入极度情绪状态中，如极度悲伤、焦虑、恐惧或警觉的状态。如果个体处于该状态下，干预往往是无法进行的，同时个体可能也会面临随之而来的生命危险。在这种情况下，格式塔心理咨询的首要任务是降低来访者的痛苦程度，直到来访者情绪稳定并能建设性地解决问题。咨询的目标不仅仅停留在躲避症状或"忍受"症状，而是要创建所谓的"安全应激"或达到"情感容忍限度"。运用放松技术、扎根练习和宁静意象等技术帮助当事人保持适度的情绪唤醒水平，从而保证干预的顺利进行。如果来访者处于极度焦虑的状态中，心理咨询师可以这样引导：现在，请你把双脚放平，体验双脚扎根大地的感觉，闭上双眼，把注意力放在自己的呼吸上。慢慢地吸气，直到不能再吸入为止，保持一会儿，再慢慢地呼气。这就是格式塔的"扎根练习"技术。由此循环调整呼吸，直至当事人情绪平稳，再开展下一步的干预。

发展支持性资源

发展支持性资源是格式塔取向危机干预的一项关键技术。疫情下，许多个体承受了失去亲人和疾病威胁的巨大痛苦，他们往往会忽略自己的力量，甚至丧失基本的人际交往能力，从而对改善和康复感到希望渺茫。因此，在开展危机干预时，心理咨询师要运用合适的资源策略帮助个体体验到更多的支持和正性情绪。在发展个体支持性资源的过程中，心理咨询师可以关注多个可能的领域，如躯体状态、态度或信念、关系模式、自我照料和自我加工等。其中，最基本的支持是加强当事人此时此地与身体感受的联结。心理咨询师通过邀请来访者关注自己的呼吸、身体感受等，让来访者体验自己的力量，加强自我支持。另外，发展关系支持也是非常重要的，心理咨询师可以鼓励来访者利用可获得的支持性关系，如伴侣、家庭或朋友等。良好的咨访关系也是显而易见的关系支持。在来访者感觉心情很低落时，心理咨询师可以这样引导：在你的生活中，谁最爱你并支持你？谁是你的学习榜样？谁是你的精神支柱？现在请你回到刚才所描述的困境中，想象当可以支持你的人就和你在一起时，他会对你说些什么？这就是格式塔的"想象中同伴"自我支持技术。

格式塔取向心理危机干预的流程模型如图 18.1 所示。

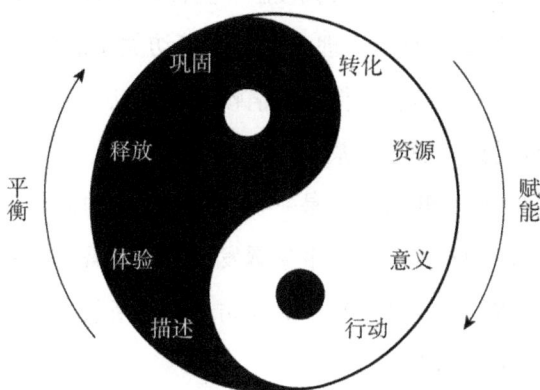

图 18.1　格式塔取向心理危机干预的流程模型

危机干预的第一步是**描述**。描述是一种"看见"，纯粹而有力。格式塔心理咨询中的描述建立在现象学的基础之上。

心理咨询师对来访者保持充分的共情与抱持，与来访者形成协调稳定的对话式关系。心理咨询师关注来访者的语言、情绪、躯体表现，并自我开放，给予反馈，让来访者对自我有整体觉察。心理咨询师可以询问来访者"事情是什么时候发生的""哪些记忆比较突出""危机事件发生之后的 48 小时里发生了什么""你的反应是怎样的"这类问题，促使来访者对自己遭受的危机事件展开具体而充分的描述。来访者的这些答案构成了危机发生以来受害者故事的核心。这里的描述是为了看见来访者当下的状态，心理咨询师要精准地把其所说的信息描述出来，帮助其觉察，引导其回归当下。来访者只有回归当下，才能回归其最真实的状态。

危机干预的第二步是**体验**。如果来访者能够体验自己的焦虑状态，那么其焦虑情绪就会降低。如果心理咨询师能够精准觉察并呈现来访者在当下的情绪和感受，那么，可以让来访者待在这种感受里，充分加以体验。

告诉我，你心里很着急，也很慌，没有关系。你可以试着让自己先待在这种很急很慌的状态里。

体验和感受自己的情绪是与自我接触、直面自我的一部分。很多时候，来访者并不愿意投入其中，所以心理咨询师对咨访关系的建立要有所评估和觉察——咨访关系是否让来访者觉得足够信赖。在危机干预的短瞬时机中，恰当的自我开放和精准觉察是建立关系的关键。

危机干预的第三步是**释放**，它是一项富有艺术性的运动。在深入体验的过程中，来访者被唤醒的压抑情绪会带来爆发性的表达需要。来访者充分表达情绪是一个必要的过程。在这个过程中，来访者可以用语言表达，也可以融合艺术性的表达方式。示例如下。

对，你可以试着说出来，把你心里的想法都说出来。

对，你也可以把它唱出来，用一首你觉得最合适的歌把它唱出来。

在格式塔取向心理危机干预中，释放这一部分的关键是不开展接下来的实验工作，不寻找未完成事件；以危机干预为核心，帮助来访者表达压抑的情绪，恢复富有觉察的理智状态。

危机干预的第四步是**巩固**，没有什么比专注呼吸更容易让人接近当下了。**这个步骤主要开展扎根练习、躯体觉察、心理觉察和呼吸训练**。来访者的被压抑的大量情绪得以释放后，心理咨询师可以帮助当事人稳定情绪，使其恢复到平衡的状态。

接地练习：把双脚放平，身体靠在椅子后背上，吸气，感受吸进体内的凉气。用嘴慢呼，感受呼出来的热气，循环做几次呼吸放松，再体验心里的感受。

呼吸训练：闭上双眼，开始注意你的身体及其感受。此时，将注意力放在你的呼吸上，留意胸腔的起伏。注意每次呼气和吸气……让呼吸顺畅自然……按照自身呼吸的节奏……现在尽量让它变得越来越缓慢、越来越平静，关注你的呼吸、关注身体的感受……

危机干预的第五步是**转化**，真实可靠的变化基于当下的稳定。首先，在来访者恢复到平衡状态后，心理咨询师要与其探讨现在的变化，由变化所带来的实际改变，引发其新的觉察与思考。例如，我们已经聊了一段时间了，可以说说你此时此刻的感受有什么变化吗？其次，心理咨询师对来访者的正面反馈进行强化。例如，你说得很对，我能感受到你的变化和你内心生出的平和。最后，由来访者完成进一步的巩固与升华。

在这个阶段，有些来访者恢复理智状态后往往能自我调节认知水平，适应环境。但有些来访者存在原本固化的内射信念，其对未知的焦虑依然存在。关于焦虑，不同的视角会有不同的解读：焦虑是来自被抑制的兴奋、支持系统的匮乏、自我掌控感的缺失，以及对未知的恐惧。

对此，在危机干预的过程中，以化解危机为主要目标的前提下，加强心理资源建设。

危机干预的第六步是**资源**。在来访者回看自我变化的过程中，心理咨询师要帮助来访者寻找这个过程中的支持性资源，促进来访者调整自我，并引导其将注意力转向创造性调整。例如，你能打电话过来，让我看到你很有想改变的动力。在你诉说的过程中，我能看到你的觉察非常好。可能很多危机干预的老师在这个过程中会询问，怎样能在这种艰难的情境中寻找来访者愿意认可和能赋予其力量的资源呢？

在现象学的视角下，在"我 - 你关系"的过程中，面对一个被关在小黑屋的孩子，他会告诉你答案。例如，我可以让自己蹲在角落里，用椅子挡在我的身前，这样四面就可以被紧紧围着，然后我用双手抱着自己，我就会感到心里踏实一些，害怕少一点。

作为心理咨询师，你是否愿意看到他，看到弱小的他在那时能够给予自己支持，是否愿意珍视每一份苦难，在苦难中看见人性自始至终的力量？

资源，就在现象中还原，在"我－你关系"中发掘，在解构中看见，在建构中产生联系。

危机干预的第七步是**意义**。意义的创造是生命本质的厚重所在。当我们和当事人一起看到每一份的支持性资源时，接下来要做的，便是给这些资源一个容器，即稳定的载体，使其成为来访者可以调动的力量所在。支持来访者面对创伤事件，通过叙事过程，将淡化的感官记忆带入意识、思维中，启动心理能量。而这个载体，就是"意义"。

我们在一生中会经历很多：成长、学习、交友、工作、结婚、生子……

当我们愿意面对每段经历，有力量面对每次体验时，意义的创造与联结会让我们丰富自我的概念。

危机干预的第八步是**行动**。行动是恢复个体的自我掌控感，寻找未完成的动作或行为。随着对来访者工作的展开，在来访者出现退行时，心理咨询师可以在其情感容忍阈限内使用小椅子、双椅子、放大、重复等技术，促使其更多地表达与接触。通过"导入－叙事－图像－退行－表达－接触－道歉－成长－回看"的技术路线，心理咨询师可以帮助来访者处理未完成事件。

心理咨询师通过情绪释放技术，使当事人恢复内在的平衡，在变化中探寻资源，在意义中丰厚自我。心理咨询师和来访者一起探讨接下来可以采取的行动，投入当下的活动中，恢复对自我的掌控感。例如，你愿意为自己做些什么？你可以给父母打个电话，你可以听听音乐……

当然，这一阶段的活动并非要强制要求来访者履行，对处于危机状态中的个体，心理咨询师更多时候依然需要给予其支持和理解。

思考

1. 格式塔取向的心理危机干预注重对积极资源的心理建设，这是基于什么关系状态下的支持？

2. 对于格式塔取向的心理危机干预这一模型，你还有哪些新的建议和看法？

参考文献

［1］王建国. 大学生心理危机干预的理论探源和策略研究［J］. 西南大学学报，2007, 33（3）: 1-4.

［2］YOUNG M. The community crisis response team training manual［M］. Washington，D.C.: National Organization for Victim Assistance，1998.

第 19 章
格式塔取向的临床心理督导

　　督导是心理咨询师在督导师的帮助下，使自己的心理咨询方法和技术不断完善的过程，也是心理咨询师提高自我认识和完善自我构建的过程。接受督导也是专业的心理咨询师所必须经历的过程。许多研究表明，临床心理督导在心理咨询师咨询训练的历程中具有重要的地位。其主要的目的是在经验丰富的督导师的指导下，心理咨询师得以提升心理咨询技巧，改进心理咨询工作，提高自身专业水平。

心理督导的分类

　　一般认为，心理督导理论有两大流派，一种是以心理咨询理论为基础的督导模式，如精神分析、认知行为及人本主义等。另一种是以督导概念为核心的督导模式，这种督导模式即融合个别差异与社会角色理论，形成整合的跨理论督导模式，如发展模式、区变模式等。

　　精神分析的督导模式是最具历史性的心理动力学督导，也是对督导理论与实践影响最深远的，在整个督导领域中具有支配性的地位。这种督导模式最初起源于弗洛伊德——第一位心理咨询督导师。精神分析的督导模式认为，督导是一种教学与学习的过程，强调来访者、心理咨询师与督导师三者之间的动力性关系。督导的目的不在于治疗，而在于教学，在于使心理咨询师学会理解和解决与督导师之间关系冲突中的心理动力学，从而习得处理与来访者工作中冲突的能力。认知 - 行为督导模式是认知心理咨询流派督导与行为心理咨询流派督导相结合的产物。认知心理咨询督导强调的是对受督导者的认知调节与改变。两者的结合促使认知 - 行为督导模型具有明显的结构化和目标性的特点。相比较而言，认知 - 行为督导更容易具有显现化的操作和评估条件。以人为中心的督导模式认为，督导既非教学，也非心理咨询，而是融合了教学和心理咨询元素的一种过程。卡尔·R. 罗杰斯（Carl R. Rogers）更倾向于把督导看成咨询性面谈的一种修改形式。目前，用于培训学生的一些基本心理咨询面谈技能程序大都直接从罗杰斯的理论衍生而来。

督导的发展模式主要关注于督导过程中受督导者获得评价和经验性学习的发展过程。发展性的督导概念基于两个基本假设：第一个假设，在提高能力的过程中，受督导者要经历一系列性质不同的阶段；第二个假设，如果要让受督导者获得最佳的满意度和职业成长，就必须为受督导者在每个阶段提供不同性质的督导环境。

格式塔取向的临床心理督导发展阶段

格式塔取向的临床心理督导是以格式塔心理咨询与理论为基础，运用于督导的实务中。在格式塔取向的临床心理督导中，督导师在整个督导历程中回归受督导者详细描述的心理咨询历程中，与受督导者和来访者发生接触、体验。从**个体语言**、**情绪**、**躯体三维一体**的角度实现受督导者完整的觉察。根据扬特夫督导三要素功能：**行政功能**、**教育功能**和**咨询功能**，督导阶段可分为以下几个阶段。

第一阶段：关系建立阶段

督导师需要对受督导者及案例背景进行全面的了解。督导师可以通过以下问题收集相关资料，了解督导需求及目标，建立信任关系。

（1）让来访者求助的表面困扰或困难是什么？

（2）来访者接受心理咨询的目标和期待是什么？

（3）来访者对于心理咨询过程有什么既定的看法或过往的经验？这些看法或经验如何影响来访者看待心理咨询？

（4）来访者求助的意愿或动力是怎么样的？

（5）受督导者对来访者的评估是怎么样的，包括来访者的认知、情绪、社会功能、人际关系、躯体化、饮食、睡眠及学习等方面？

（6）来访者的成长背景或经历是怎么样的？来访者与现有家庭的关系是怎么样的，与原生家庭的关系是怎么样的？

（7）医院给出明确诊断的来访者，其服药情况如何？是否有医嘱建议其接受心理咨询，以辅助药物治疗？

（8）原生家庭或学校给来访造成了哪些创伤？这些创伤是如何对来访者造成影响的？父母各自的成长环境或原生家庭对父母的影响是怎么样的？

（9）来访者有哪些固化的认知或信念？这些信念又如何影响了来访者的生活？

（10）来访者如今在家庭、工作、学习、人际关系方面处于一种什么样的状态？

（11）在心理咨询的过程中，受督导者做了哪些工作？这些工作取得了哪些成效或进展，或者遇到了什么困难？

（12）受督导者的诉求是什么？或者其在心理咨询中遇到的困难是什么？受督导者期待获得哪些方面的帮助？

随后，针对案例介绍，督导师可以通过以下问题对"来访者的问题是什么"进行澄清。

（1）来访者表面的问题是什么？来访者自己的描述是怎么样的？其家人的描述又是怎么样的？

（2）来访者的核心心理问题是什么？来访者是否能真正区分心理问题与现实问题？

（3）来访者的问题是什么时候产生的？当初有什么诱发事件？到目前为

止，问题持续多久了？

（4）为什么来访者现在来求助？有什么刺激事件？

（5）阻止来访者改变的是什么？从这里能看到来访者有什么获益，或者更大系统的动力是什么？

（6）对于来访者问题的认识方面，受督导者是否会到遇到困难？

第二阶段：对话与觉察阶段

督导师运用格式塔心理咨询中的对话技术，对来访者进行概念化评估，设定督导目标，让受督导者感受格式塔取向督导的风格。督导师分析心理咨询互动中的细节，了解受督导者是否曾运用觉察技术，以激发来访者的自主领悟。督导师通过**语言、情绪、躯体平衡化**等技术让受督导者自身有更多的自我觉察，从而更好地了解自己在心理咨询过程中的**行为模式及个性特征**。督导师可以通过以下问题开展工作。

（1）来访者在心理咨询中的躯体化过程是怎么样的？在心理咨询中，是否有特别值得关注的部分？

（2）截至督导前的最后一次心理咨询，来访者处于哪个接触阶段？咨访关系又处于哪个阶段？

（3）从体验循环的角度，受督导者如何理解来访者固化的格式塔（极性、接触阶段、接触中断）？

（4）受督导者是否看到了来访者的未完成事件？是否总针对未完成事件开展工作？

（5）受督导者如何理解来访者固化的认知、信念、情绪模式、语言模式和中断模式？它们是如何形成的？

（6）基于上述分析，受督导者对来访者形成的整体性理解是怎么样的？

（7）结合整体性的理解，受督导者可以与来访者确定什么样的心理咨询目标？针对心理咨询目标，需要制定什么样咨询方案？实现这个方案需要完成哪些步骤或经历哪些阶段？

（8）在概念化的过程中，受督导者是否遇到了什么困难？

（9）在互动中，对话是否基于现象学的原则？

（10）受督导者是否能适当悬搁自己对来访者已有的了解或分析？

（11）受督导者是否能保持充分的觉察与在场？

（12）受督导者是否看到并充分关注了来访者呈现的躯体动作、语言和表情，并就它们及时给予来访者反馈或与来访者进行澄清？

（13）受督导者是否能在受来访者情绪影响的情况下仍主动开放自己的感受？

（14）受督导者是否能主动觉察到随着咨询的推进，在心理咨询场中来访者呈现的变化，以及此时咨访关系的变化与自己的变化？

（15）受督导者是否能在合适的时机启发来访者接触或表达自己的情绪、感受，并允许这个过程顺其自然地发生？

（16）受督导者是否具备精准觉察力，以及知道在合适的时机用合适的语言反馈自己的觉察？

（17）受督导者是否能运用即时共创的实验，以激发来访者，使其获得新的觉察与领悟？

（18）在运用"觉察的方式"开展工作的过程中，受督导者是否遇到了一些障碍或困难？

第三阶段：教育与指导阶段

督导师就整体心理咨询历程对受督导者进行分析与指导，将格式塔心理咨询的具体技术（如**感觉滞留**、**放大**、**冲击**、**空椅子**和**梦工作**等）运用到督导的历程中，给予受督导者具体的指导与帮助。例如，当来访者表达内心的痛苦时，你的感受是什么？当你谈到来访者沉默时，你的身体有些前倾，我感受到你有些着急……假如我是你，我会……在心理咨询结束后，你当晚做了个梦，你觉得这个梦对你来说意味着什么？

第四阶段：整合与总结阶段

督导师将总结心理咨询历程，与受督导者进一步探索在心理咨询历程中出现的问题。需要提及的是，在此过程中，有时候**心理咨询师成长历程中的未完成事件会呈现出来**，对该未完成事件的处理也属于督导师的工作内容之一。

综上所述，格式塔取向的心理督导模式遵循现象学、对话关系、场理论、实验的原则及特点。在督导师的帮助下，受督导者重回心理咨询历程，充分运用感知觉，在僵局中体验自己，不断提升觉察、清除卡点、打破僵局，从而有所顿悟，获得成长。

思考

与其他流派的督导模型相比，格式塔取向的临床心理督导有哪些独具特色的部分？

参考文献

［1］徐青，杨阳. 心理治疗临床督导理论模型综述［J］. 中国临床心理学杂志，2006（04）：421-423.

［2］KRAUSE A A，ALLEN G I. Perceptions of counselor supervision：an examination of stoltenberg's model from the perspectives of supervisor and supervisee［J］. Journal of Counseling Psychology，1988，35：77-80.

附录

为了让读者重温格式塔心理咨询的魅力，本书选取了作者在工作实践中的三个经典案例，并加以改编，与大家分享。

案例一：我要真实地表达——
倾听受伤女孩心灵深处的声音

"真实"如今已经成为奢谈，被压抑在内心中。"我要真实地表达"的愿望背后，承载着女孩多年的委屈、无助与渴望。这来自人本性的最单纯的愿望，该如何在焦躁的当下得以满足，带着这份疑惑，走进女孩的故事。

心理咨询师：你好！来到这儿，现在坐下来感觉怎么样？

来访者：还可以，就是想试着调整一下自己的那种心情。

心理咨询师：嗯……我怎么理解你说的"试着调整一下自己的那种心情"呢？（澄清）

来访者：就是因为我在外面不是很愿意说这些事情，说这些事情也是比较难受的。然后有时候我会觉得一个人在情绪难受或比较兴奋的时候，表现出来的不一定是自己想表现的，想着平静一下，可能会说得清楚一些，所以想稍微调整一下……

心理咨询师：听到你和我说了这么多，我很好奇，你最想告诉我什么呢？（图像聚焦）

来访者：是我们可以开始了？

心理咨询师：我换个说法，你觉得一个人在很兴奋或悲伤时所说的话，并

注：基于伦理，每个案例均得到来访者授权，且做了一些改编，请勿对号入座！

不一定是这个人真正想表达的？（语义聚焦）

　　来访者：可能是有一些过激的东西或过激情绪的时候，表现出来的或许不是真正的那个感觉，或者只是纯粹为了发泄。所以，我希望在我平静的时候面对这些。当再提及时，自己不会有过多的波动或困扰。

　　心理咨询师：看起来你对刚刚在下面的表现并不是那么满意？（澄清）

　　来访者：许多人感觉我是不是有点要强？因为我有时候不太愿意接受自己特别要强的那一面，就是不想让大家看到我。（咨询工作-关键转折点）

　　心理咨询师：你不想让大家看到什么？（语境觉察-未尽的表达）

　　来访者：就是不想让大家看到我太脆弱的那一面。因为我是家里的老大，下面有个弟弟，但是父亲对我俩的教育是更倾向于我的，对我更严格，弟弟犯错也是我的责任。现在弟弟创业中出现问题，也会问我"为什么你这个姐姐没好好地引导"。所以，从小到大，我会感觉这个责任一直在潜移默化地压着我，一直在压着我。我觉得作为老大挺累的，真的挺累的。（默默流泪）

　　心理咨询师：你现在先试着把纸巾放下。（看到来访者流泪，鼓励来访者多与眼泪待在一起，多体验，多觉察）不着急，嗯，现在你眼泪流出来了，我看到你还想擦掉眼泪。你告诉我，这个眼泪流到嘴里是什么味道？（外界觉察）

　　来访者：有温度吧，感受到那个温度，然后是从上而下地流淌。

　　心理咨询师：从上而下地流淌，你说"我很累、我很坚强、我背负很多，不能让人看到我的脆弱"。（现象学描述，内容反应）

　　来访者：是的，有时候会感觉到莫名的无助。可能在这样的场合，只有在这种内部交流的场合，自己的眼泪才会正常地流淌。

　　心理咨询师：嗯，只有在这里才会正常地流淌（关注跟随）。OK，不急，静下来。

　　心理咨询师站起来准备了两把椅子，将一把大椅子放到来访者面前，将一把小椅子放到来访者的身旁。（双椅子技术）

　　通过设置实验，巧妙运用"双椅子技术"。邀请来访者坐在小椅子上，可以使她更加深切地感受"脆弱的自己",更有利于激活她的情绪,促进她表达,从而让心理咨询师看到来访者语言背后的情绪、行为、思想,精确地觉察到来访者的未完成事件。

心理咨询师:这儿有一把小椅子,现在邀请你坐上来体验一下,然后闭上双眼。告诉我,此时此刻你的感受是什么?(**内部觉察**)

来访者:刚刚感觉那把椅子是软的,现在感觉这把椅子是硬的,腰那块是直的,感觉与地面的距离更近了,脚踩得好像更实了。

心理咨询师:嗯,好……你告诉我,小时候,家人或朋友都怎么称呼你?

来访者:爸爸妈妈和弟弟都叫我姐姐。

心理咨询师:爸爸妈妈都叫你姐姐,所以,好像你在家里只有姐姐的角色,是吗?(**描述反馈,澄清**)哭出来,没关系,哭出来(**鼓励**)。对,你告诉我,你渴望爸爸妈妈怎么叫你?

来访者:就是每次出去或逛街看到别人牵着孩子的时候,大家都会叫"宝贝"。每次听别人叫孩子乳名时,我都会不自觉地多看两眼。

心理咨询师:嗯,多看两眼(**关注跟随**)。当你多看两眼时,你的心里是什么滋味啊?(**内部觉察**)

来访者:就会很希望,就是……

心理咨询师:"很希望"不是心里的滋味,告诉我,你心里的滋味。

来访者:感觉很难受、失望。

心理咨询师:很难受、失望。放松,我看你还在不断地调整你的呼吸,调整你的眼泪(**外部觉察**)。不着急。小时候爸爸妈妈都称呼你姐姐,但当你出来时,看到别的父母牵着自己孩子时称呼孩子"宝贝",那时你心里很难过,很失望(**描述反馈,澄清**)。告诉我,那一刻,你更渴望什么呀?那时候你多大呀?

来访者:大概五六岁。

心理咨询师:五六岁的你。好,放松,告诉我那个画面(**具象化**),试着描述一下，我特别好奇，那个五六岁的女孩跟着父母，自己心里感到很难受，很委屈。放松，此时此刻，回想那个画面，爸爸和你一起走着，你看到了别人家的父母牵着孩子在那里。试着回到那个画面里，回到那时那刻，告诉我，那时你五六岁，爸爸那时在前面走还是在后面走啊？你大脑里出现了什么画面？此时此刻，你描述的那个画面。（图像呈现）

来访者：他在我对面。

心理咨询师：哦，他在你对面，你告诉我，他是什么样子啊？

来访者：催促着让我赶紧走。

心理咨询师：他当时什么表情啊？放松，试着看看他的表情，告诉我，他什么表情啊？

来访者：很着急。

心理咨询师：嗯，他穿着什么衣服啊？

来访者：老式的那种西服。

心理咨询师：嗯，那种老式的西服，他很着急，他怎么催促着让你走的？

来访者：姐姐，赶紧的，干什么呢？

心理咨询师：（突然大声）姐姐，赶紧的，干什么呢？姐姐，赶紧的，干什么呢？姐姐，赶紧的，干什么呢？（放大，重复）你告诉我，你那时听到这样的声音，你心里什么滋味啊？听到这样的声音——姐姐，赶紧的，干什么呢？（内部觉察）

来访者：很失落。

心理咨询师：嗯，好的，待在那个画面里，不着急。"很失落"是个什么滋味啊？（又大声喊）姐姐，赶紧的，干什么呢？

来访者：就是往下坠的感觉。

心理咨询师："往下坠的感觉"是什么感觉啊？心里什么滋味啊？失望？恐惧？伤心？委屈？什么滋味啊？（澄清）

来访者：就是不被理解。

心理咨询师：嗯，"不被理解"是"现在"你的感觉。五六岁的小孩子，（又大声重复）"姐姐，赶紧的，干什么呢？"待在那个画面里，感受小时候的你当时是什么滋味啊？（又大声重复）"姐姐，赶紧的，干什么呢？""姐姐，赶紧的，干什么呢？"说出来，对，说出来，你心里什么滋味啊？（原发情绪与续发情绪的澄清）

以上部分，当来访者在叙事过程中出现了情绪时，心理咨询师引导来访者待在具体的图像里，待在自己建构的意象里。当来访者跳出自己的意象时，心理咨询师引导来访者回到那时那刻，结合冲击疗法的小椅子、重复、放大技术，从而使来访者的体验更加投入。

来访者：听到这个声音很害怕。

心理咨询师：说出来，对，说出来，"爸爸你这么说，我很害怕"。说出来，"爸爸你这么说，我很害怕"，说出来，你可以的。（鼓励）说出来，"爸爸你这么说，我很害怕"。（真实性表达）

来访者：（哭泣中，小声说出）爸爸，我很害怕。

心理咨询师：重复说出来，"爸爸，我很害怕"。（鼓励，放大）

来访者：爸爸，我很害怕。

让来访者重复说出这句话。

心理咨询师：嗯，大点声，大点声告诉他。他可能听不到，让他听见，大点声说出来，"爸爸，我很害怕"，告诉他，你可以的。（鼓励，放大）

来访者：爸爸，你这么说让我真的很害怕。

心理咨询师：爸爸，你看看我，我浑身都发抖了。（具象化）

来访者：爸爸，你看看我，我浑身都发抖了。

心理咨询师：我真的很害怕。

来访者：我真的很害怕。

心理咨询师：嗯，好，放松。看着爸爸，他听到你这么说，此时此刻，爸爸是什么表情啊？

来访者：他停顿了一下。

心理咨询师：嗯，爸爸看着你眼泪流出来，听着你告诉他，你真的很害怕，而且他看见你浑身发抖了，他停顿了一下，是吗？（描述反馈，澄清）

来访者：对。

心理咨询师：你告诉我，你看见爸爸停顿了一下，你现在心里什么感觉？身体什么感觉？你看到爸爸停顿了一下。（内部觉察）

来访者：走近他。

心理咨询师：No，什么感觉？身体什么感觉？爸爸停顿了一下，害怕？刚刚你很害怕，现在呢？

来访者：渴望。

心理咨询师：嗯，现在你很渴望，说出来。（真实性表达）

来访者：渴望，渴望一个拥抱。

心理咨询师：不着急，说出你的渴望，"爸爸，你抱抱我"。说出来，看着爸爸的眼睛，他愣了一下，非常好，就看着他愣住的那个眼神。试着和爸爸的目光接触，看着爸爸的眼睛，说出你刚刚的渴望。看着爸爸那个愣住的眼神，说出来。（鼓励，接触）

来访者：爸爸，抱抱我。

心理咨询师：好，重复。（鼓励，重复）

来访者：爸爸，抱抱我。

心理咨询师：重复。

来访者：爸爸，抱抱我。

心理咨询师：重复。

来访者：爸爸，抱抱我。

心理咨询师：嗯，非常好，非常好。告诉我，爸爸呢？爸爸此时此刻呢？（关注，跟随）

来访者：蹲下来了。（图像转化）

心理咨询师：哦，爸爸蹲下来了。

来访者：对。

此时，心理咨询师起身借了同学的长袖衣服，从前面围在来访者的身上，两只袖子围在她的肩膀上。

心理咨询师：爸爸抱着你，爸爸抱着你。不说话，体会爸爸的怀抱。爸爸抱着你，你抱着爸爸。你可以哭出来，因为这一刻你等得太久了。爸爸抱着你，你抱着爸爸。爸爸抱着你，在这个感受里待一会儿。（与感受待在一起）对，不着急。在爸爸温暖的怀抱里待一会儿。嗯，好，这时候说出你的感受，此时此刻你什么感受啊？（内部觉察）

来访者：特别的暖。

心理咨询师：嗯，说出来，"爸爸，我此时此刻感觉特别暖"。（道歉，补偿）

来访者：特别暖。

心理咨询师：嗯，重复。

来访者：爸爸，你这样抱着我，我感觉特别暖。

心理咨询师：继续在这种非常暖的体验中再待一会儿，不着急，待在这个感受里。（与感受待在一起）嗯，对，享受和爸爸的这种接触，这种身体的接触。感受这种温暖，这份力量和支持，非常温暖，非常放松，非常舒服。嗯，好，放松。不着急，好，闭上双眼，不着急，站起来。（充分接触，补偿）

这时心理咨询师把来访者扶到大椅子上，体验爸爸的角色，并把她的衣服罩到小椅子上，让爸爸抱在怀里。

心理咨询师：爸爸抱着小时侯的你，爸爸紧紧地抱着那个小时候的你。

来访者：嗯，爸爸抱着她，她说她很暖。

心理咨询师：你看到女儿哭了，此时此刻，你想对你的女儿说什么呀？

来访者：宝贝，我会一直抱着你，爸爸会一直抱着你。（道歉，补偿）

心理咨询师：告诉我，当你说这话时，心里什么滋味啊？当你看到女儿哭着，她渴求你的拥抱时，你心里什么滋味啊？说出来。（内部觉察）

来访者：亏欠，平时照顾你太少，陪伴你太少了。

心理咨询师：只说"我对你很亏欠"。

来访者：我对你很亏欠，爸爸对你很亏欠，爸爸错了。

心理咨询师：重复说出来。

来访者：爸爸错了，爸爸对你很亏欠……

心理咨询师：好的，把"爸爸真的对你很亏欠，爸爸错了"说出来。

来访者：爸爸真的对你很亏欠，爸爸错了。

心理咨询师：嗯，OK，待在这个感受里，"爸爸错了，爸爸对你很亏欠，爸爸想这么一直抱着你"。你可以抱紧她，可以低下头抱紧她，可以对她说一说你心里一直想和她说的话，可以不让我听见。抱着你的宝贝，抱着你的女儿，把你的亏欠说给她听，可以当我不在场。

来访者：（小声说）爸爸错了，爸爸一直不在你身边。爸爸错了，爸爸是爱你的。

心理咨询师：好，不着急，待在这种感受里。嗯，非常好。现在想象一下，她在你的怀抱里一点点长大，从小时候那个五六岁的女孩慢慢长大，她上了小学、初中、高中、大学，她结婚了，她长大了，她一天天地长成大姑娘了。（重复）从五六岁到小学……她一天天地长成大姑娘了。（成长）好，放松，试着把她放下（心理咨询师帮着把小椅子和衣服拿下来）。告诉我，此时此刻，你看到你面前有一个亭亭玉立的大姑娘，此时此刻你会对你的女儿说些什么？

此时心理咨询师把另一把椅子推到来访者面前。

来访者：宝贝，我为你而骄傲！宝贝，我为你而骄傲……（重复多遍）

心理咨询师：好，不急，站起来，闭上双眼，放松，原地转个身，坐在对面。当爸爸对着此时此刻的你说"宝贝，我为你而骄傲"时，告诉我，此时此刻你听了爸爸的话，你的心里是什么滋味？说出来，"爸爸，你这么说，我很感动"。

来访者：爸爸，你这么说，我心里很感动。

心理咨询师：说出来，说出来！（鼓励）现在试着伸出手（拿过来访者衣服的袖子放在来访者手里），爸爸说，"宝贝啊，爸爸为你而骄傲，爸爸老了，爸爸知道你心里委屈，爸爸为你而骄傲"。爸爸说，他此时什么都不能为你做了，他说他为你而骄傲。对，抓着他的手，对，告诉爸爸，"我很满足，我心里很温暖"。嗯，不着急，就握着爸爸的手，告诉爸爸，你握着他的手的感觉，告诉爸爸此时此刻，你心里想对他说的话。不着急，嗯，说出来。

来访者：（哭泣）爸爸，我好心疼你啊。

心理咨询师：嗯，说出来。

来访者：爸爸你知道吗？我很心疼你啊。

心理咨询师：嗯，不着急，说出来，告诉爸爸，"我很心痛啊"。

来访者：爸爸，我很心痛啊。

心理咨询师：嗯，不着急。抓着爸爸的手，说出来，你把自己的感受说出来，告诉爸爸，"我终于可以说出来了，爸爸，我终于可以说一说了"。

来访者：爸爸，我终于可以说一说了。

此时，心理咨询师又拿了一把椅子放在来访者旁边。

心理咨询师：嗯，好，你告诉我，此时此刻，爸爸如果会说话，他会对你说些什么呀？他看到你这样，你抓着他的手，他看到女儿很伤心，他说他为你骄傲，你告诉我，此时他会对你说些什么？

来访者：我们一起努力。

心理咨询师：嗯，我们一起努力。我不知道爸爸此时此刻的感受是什么？我坐在这里很心疼你。（共情）我想在爸爸说我们一起努力时，他带着信心，带着心疼，带着和你一起努力的期待。好，放松，擦擦眼泪，此时此刻，告诉爸爸你会好好的，告诉他。

来访者：我会好好的。

心理咨询师：嗯，重复说。告诉他，不管怎样，你都会好好照顾自己。（赋能）

来访者：我会好好的。

心理咨询师：嗯，"我会好好的，我会带着你的爱，好好地生活"。好，告诉他。（赋能）

来访者：我会好好的，我会带着你的爱，好好地生活。

以上部分，心理咨询师通过对未完成事件的探索与工作，修通了来访者受阻的体验循环，"我想要真诚地表达却不能表达"这一图像逐渐消退，成为背景。

心理咨询师：好，放松，现在可以用纸巾擦拭自己的眼泪。好，闭着眼放松，放松……嗯……深呼吸……慢慢睁开你的眼睛。嗯，好。拿掉眼镜，你看起来更漂亮一些。此时此刻你的感觉怎么样？

来访者：感觉没以前那么堵了，就好像平常说的都不是自己想说的，现在好像终于说出来了。

心理咨询师：好，不着急，现在把你的注意力聚焦在椅子上。那个画面，此时此刻你看到的画面，你身体的感觉是什么？你的感受是什么？会让你想到什么？（回看，内部觉察）

来访者：就是被爱包围的感觉。

心理咨询师：嗯，会让你想到什么？

来访者：就是爱的怀抱，就是一个父亲抱着女儿。

心理咨询师：就是一个父亲抱着女儿。此时此刻的你，如果你对这个父亲说一句话，会对他说什么？而他的女儿在这里，他告诉女儿爸爸错了，他在向一个小女孩承认错误。你会对他说什么呢？你看着这位父亲。

来访者：爸爸，你好棒啊。

心理咨询师：你会对那个委屈的小女孩说什么呀？

来访者：宝贝，我爱你。

心理咨询师：嗯，这里好像还有一个人，是过去的你自己，你愿意对她说些什么呀？看着她。

来访者：要好好地继续往前走。

心理咨询师：嗯，要好好地继续往前走。（关注，跟随）

来访者：无论发生什么事情，这份爱和感恩都不会变。

心理咨询师：嗯，这份爱与感恩都不会变。现在回到你的问题上来，还记得你刚开始想和我说什么吗？（回看）

来访者：就是想把不能说的话说出来。

心理咨询师：你现在怎么看你的问题？或者有没有把不能说的话说出来？

来访者：就是我曾经说的，好像面对大家说的话并不一定是内心真正想表达的东西，在某些情绪上表达出来不是自己内心真正想表达的，但是现在说出来心里很舒服。

心理咨询师：很好，谢谢你，我们掌声鼓励一下。我还有一个小小的程序：大家围成一个圈子，放松，刚刚你在表达的过程中，很多人也非常感动，你在这样一个环境里，把你自己不想说的话都说出来了，不敢说的、不能说的话都说出来了。现在你试着用你的方式向每个人表达一下感谢。（主题撤回-绕圈子）

在上述案例中，当来访者刚抛出"在自己情绪激动时，所表达的不是自己真正想要表达的"这一问题时，**在现象学理论的指导下，心理咨询师不带预设、不带分析，而是带着好奇心和精准的觉察力，不断地关注、跟随来访者的情绪、行为、语言。通过"三维一体，精微觉察""空椅子技术""实验设置"，让来访者深切地体验此时此刻和那时那刻的感知与感受，让来访者与未完成事件中的核心人物"爸爸"尝试性地表达自己真正想要表达的，不断地体验，充**

分地接触，获得补偿，得到成长，从而修通受阻的体验循环，内在图形消退，改变随之发生。

案例二：当熊爸爸遇上熊孩子——家庭咨询案例

北京大学的博士生导师胡佩诚教授曾说，格式塔心理咨询是一种高级的心理治疗。格式塔到底高级在哪？如果用一句话来尝试形容的话，那就是：**格式塔取向的心理咨询师应当掌握精神分析的思维、认知行为的方法、人本主义的态度、家庭治疗的结构、催眠治疗的技术。格式塔心理咨询是最早的整合心理疗法，也符合现代心理咨询的发展趋势。**下面的案例是格式塔取向家庭咨询的呈现。

心理咨询师：你们好。首先非常感谢你们的信任。我听妈妈跟我说，你们家庭中遇到了一些困难，我也愿意帮助你们。你们是否愿意谈一谈，说一下你们家里现在遇到了什么样的困难？（格式塔心理咨询的整体观，用家庭"困难"替代某个人的"问题"；描述）

爸爸：孩子基本上是高一之后，在学习上就处于一个放弃的状态。（低着头，声音很低）

心理咨询师：孩子现在就在这边。你刚刚讲什么？我没有听清楚，你说……（停顿），他现在处在一个完全放弃的状态？（澄清）

爸爸：这个不重要，我看从学校反馈回来的成绩，他基本上是很让人忧心的。反正是不及格以下的这个状况。我也问过他需不需要帮助或辅导，他也不理我，把自己关进房间。要是我一定要进入他的房间，他整个人就很暴躁，像要和我打架一样（爸爸情绪有些激动），情绪也很不稳定。所以，我没有办法跟他进一步讨论。实际上他是怎么想的，他是个什么情形，我也很困扰。哎……（叹着气）

心理咨询师：嗯，很困扰，你说到他高二的阶段基本上就把学业放弃了。

后面我又听到你说，你好像跟他在沟通上出现了困难。（澄清）

爸爸：是。（低着头）

心理咨询师：我不知道孩子坐在那个地方，当你听到爸爸这样描述的时候，你能不能告诉我，你心里有什么感受？（望向孩子，内部觉察）

孩子：没什么感受。（低头，抖腿）

心理咨询师：没什么感受，是吗？（重复，澄清）我看到你低着头，有没有什么想回应的？（外部觉察，澄清）

孩子：没有什么想回应的。

心理咨询师：没什么想回应的……（重复）

心理咨询师：妈妈呢？听了这番对话之后，听了先生的表达，听到孩子说没有感受……（内部觉察）

妈妈：刚才孩子的表达就是我们平时生活中的一种状态。我跟孩子接触的时间不是很长，大概一年多。我的感觉是，孩子对他感兴趣的东西，他就很愿意去做，而且做得好。他现在学习方面到底是有些什么样的困惑或者什么样的难处，他不太愿意跟家长沟通。最主要是，我先生和他在感情上面的沟通几乎是零。如果是说一些有的没的，那些不涉及学业上的东西，只说去玩什么的，可能还有一些沟通。但是一说到学习、个人成长、未来的计划，基本上就是零。我和他对未来有一些沟通，他是愿意听的，但是真正要变成现实，还是有点距离。所以刚刚我先生所说的话，对孩子的表达，孩子对于先生的回馈，生活里面大概就是这样的状况。孩子不会有太多的反应，有反应的时候就是会吵起来，也可能会不理他，或者自己走，关起门不出来。（大段叙事）

心理咨询师：当这个状态出现的时候，你内心的感受是什么？（内部觉察）

妈妈：一开始的时候，我心里还是有点着急的。我会去平衡和沟通，后来我就……也是鉴于我自己的这种身份。孩子刚开始跟我接触的时候跟我的关系比较好，所以那时候我们谈得比较多。慢慢地，我发现说多了好像他对我也有一点抗拒的情绪，我就是觉得自己是不是讲太多了？我有没有必要再去进入他们父子间的沟通？孩子要不然就是关着门去房间玩游戏，要不就大吼一声指着爸爸就来了。这时，爸爸也会尽量少接触，但是我觉得这样并不是一个很好的解决方法。

心理咨询师：孩子，你告诉我，你听到妈妈这番话，妈妈在表达你和爸爸之间的沟通方式，你可以说说你心里是怎么想的吗？（中部觉察）

孩子：说到爸爸那块的时候，我有点生气。说到她（指着妈妈）和自己的这种相处，心里面还是有点温暖。

心理咨询师：我有一个好奇的地方，当妈妈谈到"鉴于我的这个身份"，你们有没有听到这句话？（望向父子，澄清）

爸爸：没有。

孩子：有。

心理咨询师：妈妈，你告诉我，当你表达"鉴于我的这个身份"这句话的时候，你的感受是什么？（看着妈妈，内部觉察）

妈妈：那句话的意思是说，其实我不是他的妈妈。（解释）

心理咨询师：No，当你说这句话的时候，你内心的感受是什么？"鉴于我的这个身份"。（内部觉察）

妈妈：我感觉有点遗憾。

心理咨询师：我听到你的声音有些低沉……（停顿，外界觉察）我可以怎么理解这个遗憾呢？你遗憾什么呢？（语言层面完形，澄清）

妈妈：可是我不是孩子真正的母亲。这是个挺好的孩子，好像我有点错过他的成长阶段了。（声音低沉）

心理咨询师：我听到你的表达，声音低沉，好像有些难过（共情）。刚刚在你的表达中，你谈到了我不是孩子的妈妈。（澄清）

妈妈：不是亲生的，不是孩子真正的母亲。

心理咨询师：你听到妈妈表达"我不是你真正的母亲"的时候，心里是什么滋味？（觉察）

孩子：难过。

心理咨询师：你感到难过。你告诉她好吗？妈妈，你这样说，我心里很伤

心，你告诉她。（接触）

孩子：可是，我一直叫她阿姨。

心理咨询师：你就叫她阿姨。

孩子：阿姨，你这样说，我心里很难过。

孩子稍微移动了一下坐着的椅子，似乎离妈妈近了一些。

心理咨询师：爸爸，听到这番对话，告诉我，你现在心里是怎么想的？（中部觉察）

爸爸：我之前也跟太太说过，孩子的这种状况是很难改变的。对于新家庭的建立，如果我要求太太更多地关注孩子，不一定能够达到满意的状态，不一定能够改善。

心理咨询师：你个人觉得什么？我对我太太……我没听明白你想表达什么？（澄清）

爸爸：因为我太太想把他当作亲儿子。（父亲的声音高起来）

心理咨询师：太太想把他当亲儿子这样对待。（重复）

爸爸：但是我个人觉得会干扰我们这个新家庭。我已经做过很多努力……和孩子进行沟通，请老师辅导，帮助他补习功课。但是自己觉得效果并不好。后来就有了新家庭……我不希望我太太因为过于介入我们父子之间的关系，而影响到我和我太太的关系。就是说我跟孩子一直以来关系恶化。他们会相处好吗？我对这个不抱有什么很大的期望。我只是跟我太太说，你别太介入我们父子之间的关系。

心理咨询师：当你太太进入你们父子之间关系的时候……（完形填空）

爸爸：影响到了我和我太太之间的关系，我不希望他们走得太近。

心理咨询师：就是从你内心里面也不希望你太太更多地介入你们父子之间的关系，是这样吗？（澄清）

爸爸：是。

心理咨询师：你听到这话，你心里的感受是什么？（觉察）爸爸不喜欢妈妈和你走得太近。（望着孩子，澄清）

孩子：不爽。阿姨跟我谈得来，他还不让我跟阿姨接触。（声音有些颤抖）

心理咨询师：你听到孩子这种表达之后，你告诉我，你心里的感受是什么？（内部觉察）我跟阿姨谈得来。孩子更愿意跟阿姨交往。

爸爸：他是更愿意跟阿姨交流。

心理咨询师：他说他更愿意跟阿姨交流的时候，你的心情是什么？（内部觉察）

爸爸：我既高兴，又忧心。忧心的原因是我之前有给孩子找辅导老师。我怕阿姨跟他的关系会不会就和辅导老师一样，天天闹，也影响我。

心理咨询师：你看到太太跟孩子走得近的时候，你会有担忧，你的担忧就是害怕太太跟辅导老师一样。作为你的心理咨询师，此时此刻我好像更理解你的太太了。你不希望你太太跟儿子走得很近，然后你太太说"鉴于我的这种身份"。你告诉我，你太太在这个家里是什么身份？在这个家里，她扮演的是什么样的角色？（澄清，面质）

爸爸：在一起建立一个新家庭。这是我们两个人生活的目标和方向。但是孩子让这个目标没有办法达到。

心理咨询师：你太太在你心里，在这个家里，她扮演着什么样的角色？（面质）

爸爸：在家里，更多的是跟我的互动。

心理咨询师：你怎么看待你的太太？她要更多地跟你互动，不能跟孩子走得很近……那她是什么？她对你意味着什么？（觉察）

爸爸：她对我意味着是我的一个伴侣。

心理咨询师：嗯。"伴侣"在你内心里有一个什么样的感觉？什么是伴侣？（觉察，澄清）

爸爸：我心中的这个伴侣是能和我经常在一起，有比较多的互动和交流，一起生活。最好能够平衡原来的家庭关系，这个家庭会受到一些来自外面的看法和影响，会受到身边的朋友、亲戚的影响和要求、期待和道德方面的疑问。

心理咨询师：她要和"我"更多地互动。从你的话里我听出了对太太的担

忧，你担心她过度介入你们的亲子关系，会给她带来困扰？（澄清）

爸爸：是的。太太作为我的伴侣，要和我有更多的交流，别人，包括孩子可能会影响……

心理咨询师：太太听了先生这番表达，你心里现在有些什么样的感觉？（内部觉察）

妈妈：如果他是这个意思，我感觉有误会，其实我更希望的是他和孩子的关系能够比较融洽，而我在这个里面也比较融洽……不只是我和他……

心理咨询师：不只是我和他。也就是说，你愿意靠近孩子？此时此刻我很好奇，你心里是个什么滋味？你身体有没有感觉？心里有没有情绪？或者你想做些什么？（三维一体）

妈妈：会有感觉，很惊讶。也会有点难过。

心理咨询师：惊讶，难过。（重复）

妈妈：惊讶的是他把这个说出来了，把对我的描述说出来了。然后就感觉好像有点不太对吧？就感觉夫妻如果是这样的话……就是还是感觉他把我放在外面。还没有到这个家里面。

孩子：听爸爸讲的话，觉得挺生气的。一个想靠近我，一个不让靠近我，我好像更被排在外面了。（孩子主动表达）

心理咨询师：是一种什么样的感觉？"把我排在外面了"，重复一遍这句话。（重复）

孩子：把我排在外面了。

心理咨询师："把我排在外面了"，你看着他们说一遍，"你们把我排在外面了"。（接触，重复）

孩子：你们把我排在外面了。

心理咨询师：看着爸爸，告诉他，"你把我排在外面了"。（重复）

孩子：你把我排在外面了。

心理咨询师：告诉我，你现在心里的感受是什么？（觉察）

孩子：难过。

心理咨询师：听着孩子的话，你现在心里的感受是什么？（觉察）

爸爸：之前有点失望。我希望……（偏转，解离）

心理咨询师：此时此刻，你的感受是什么？（觉察）你的亲儿子跟你说，"爸爸，你把我排在外面了"。（描述）

爸爸：我不知道……（抗拒）

爸爸：……（低头沉默）

心理咨询师：你的儿子坐在这里，他跟你说，"我听到你们的说话很生气""你把我放在了后面，排在了外面，我心里很难受"。（描述）"爸爸，你把我排在外面了"，听了这番话，心里是个什么滋味呢？（觉察）

爸爸：我不愿意接受这句话。我感觉我……不愿意接受这个说法。

心理咨询师：你不愿意接受这个说法，当听到这番话的时候……（语言完形，觉察）

爸爸：惭愧，我并不想这样。

心理咨询师：不想。也就是说，"我不想把你排在外面"，是想这样表达吗？你看着他说。（接触，澄清）

爸爸：我不想把你排在外面。你为什么不对我说呢？我不想把你排在外面。我不知道怎么样和你相处……你被排在外面了。（有些情绪）

心理咨询师：我看到你有些情绪，发生了什么？我很好奇。（觉察）

爸爸：我好像终于看到……看到我一直以来对孩子的失望吧。我真的不愿意对孩子那么失望、无奈。其实我不想，很难沟通。我甚至有时候非常失落。我去找学校老师，找辅导老师，找第三方和他联系，但是看不到有改善。

心理咨询师：你这番表达好像看得出来你一直在尝试各种方法，也一直在努力改善你和孩子的关系，是吗？（共情，澄清）

爸爸：是的，但是我很失望。

心理咨询师：嗯。

爸爸：不太满意。他并不高兴，并没有因为我这些安排或努力，过得更快乐或更顺利，学习或生活更正常。还是自己躲在一边，不跟人交流。

心理咨询师：我看到你很伤心，看得出你为家里付出了很多，却都没有结果。（共情，描述）

爸爸：是的，没有效果。

心理咨询师：没有效果。我们如何理解效果。你所谓的这个效果是"我想让他快乐""我想让他怎么样"，这些都是你的想法。所以你做了，你完成了自己的想法，你想让孩子有改变，是不是？你的孩子没有改变，所以你很失落。你刚刚在表达的过程中，你在表达你的想法或需要？（澄清，觉察）

爸爸：……（点头，沉默）

心理咨询师：你觉得你做了好多，"我在付出，在努力"。（共情）

爸爸：我不太清楚他的真实想法。

心理咨询师：但是"我在做"。

心理咨询师：（面对孩子）听了爸爸的这番话，你在想什么？爸爸好像做了好多。（察觉）

孩子：没有感受到。

心理咨询师：妈妈呢？

妈妈：刚才孩子说，把我排在外面了。我觉得我是有把他排在外面。我很难过。我不太清楚怎么把他拉进来，一开始我就怕会是一种控制，所以会比较小心。但是现在我感觉好像我想刻意地要减少接触。我觉得孩子应该也是感觉到了。我先生刚才表达他做了很多。但是基于我跟我先生的交往，我觉得他没做什么，我感觉不到他的付出。

心理咨询师：孩子说他没有感受到，太太也说她没有感受到。你听了他们的话，现在心里是什么滋味？（觉察）

爸爸：我自以为是？做了一些自己认为自己该做的事，但是对方并不太需要？

心理咨询师：孩子爸爸，好像我每次问话的时候你都不能就我的问话直接回应。我不知道你的孩子和太太在和你交流的时候他们感觉怎么样，你说很困难。作为心理咨询师，我发现每一次我向你提问的时候，你都不会从我的问题

出发，你会谈自己想的事情。不知道你有没有觉察到？（觉察）

妈妈：我想插一句，小孩对他的反应，就是说什么都没用。每次爸爸跟孩子说话的时候，孩子都会说，"说什么都没用，你就不要张嘴，爸爸你说什么都没用"。

爸爸：我很难……不能很容易地表达当下的感受。

心理咨询师：不是感受，就是当我们在谈论一个问题时，你在回应的时候总是在说其他的东西，没有回复这个问题实质的部分。（澄清，描述）

心理咨询师：我们可以在这里总结一下。最初，就像妈妈表达的"鉴于我的这种身份"，她就是一个妈妈的身份，孩子叫她阿姨。是什么让她后退？她自己也讲"我也不想走得太近"。你后面也说，"我好像有把孩子排在外面"。妈妈把孩子排在外面，你也把他排在外面，这就是说你们这个家庭，都把孩子忽略了。虽然你做了好多，可是孩子没有感觉到，妈妈也没有感觉到你对孩子的付出。这是我们讲了这么长时间，我们大家都可以达成共识的地方，对吗？到这个地方我们来看，孩子学习不好也好，无法沟通也好，但是你现在看到这个部分了吗？就是你们把他排在外面了，所以你是没法跟他沟通的。当我们把孩子排在外面的时候，我们还能跟孩子沟通吗？好像不能。（描述，澄清，觉察）我们现在就这一部分进行探索。请爸爸坐出来（原来的椅子成为空椅子），（邀请的实验）你们两个关系都坏到极点了，你不能因为……影响我和你妈妈。那你告诉我，你怎么样去跟孩子沟通？他有种被遗弃的感觉，没有感受到你的付出。妈妈也说"鉴于我的这种身份，我也没办法走近孩子"。所以你说孩子会怎样？把自己关在房间里，你进去找他的时候，你是基于一种什么身份？当你打开他房间的时候，你要跟他说什么？"你跟我说说话吧"，潜意识里他已经感受到了你把他排在外面了。

爸爸：……（沉默）

心理咨询师："排在外面"是孩子自己说的，刚刚你也这样说了，妈妈也说不能走近他。妈妈说她很惊讶，还记得吗？你的表达让她很惊讶，然后让她有些伤心。（描述）

195

爸爸：这么说，我没有尽到父亲的责任。

心理咨询师：刚刚你说不想因为孩子的问题影响你跟太太之间的关系。就这句话你怎么看？（觉察）

爸爸：我觉得我太太和小孩交流会不会……很失望？像我一样。我不希望她失望。

心理咨询师：妈妈，你告诉我，你听了你先生的话，你有什么感受？（觉察）他害怕你会失望。他对你是有一些担心的，怕孩子走近你，怕孩子影响到你，让你失望。（描述）

妈妈：他还是有考虑到我。

心理咨询师：（面对爸爸）妈妈，失望对你意味着什么？这是一个家，妈妈对孩子偶尔有失望很正常，是什么让你那么恐惧妈妈对孩子失望？（觉察）

爸爸：因为我跟他是父子关系，我们分不开。但是，我跟太太可以在一起也可以不在一起。小孩带给我的失望、无助，我不想我太太也感受到。但是，我不能把孩子排在外面。

心理咨询师：但是孩子恰恰感觉自己被排在外面，你对太太的这种担心，最终的担心是什么，你怕太太离开你，是吗？（澄清）

爸爸：是。

心理咨询师：你怕孩子影响你们的关系，然后太太离开你，是吗？（澄清）

爸爸：是有这种因素，是有这种因素……

心理咨询师：我发现你一直在重复一句话，"是有这种因素"。我们再回到最初的这个问题，"她要和我互动，多点交流"。你把太太当成什么？你害怕她离开，你把她当成什么？（面质）

爸爸：我把她当成什么……

心理咨询师："是有这种因素""我害怕你离开我"，你把她当成什么？（面质）

爸爸：我希望她能陪着我，但是我不能离开我的孩子。

心理咨询师：OK，你不能离开你的孩子，这个我们已经讨论过了。我希望你能理解的是，你把太太当成了什么。你担心太太离开你。因为孩子，你怕太太离开你。所以，她是不是你的太太？你把她当成了什么？你爱不爱她？（面质）

爸爸：爱。

心理咨询师：你爱不爱你的儿子？

爸爸：应该爱吧！

心理咨询师：OK，应该爱……好像这个爱很难说出口。对太太表达爱，你勉强吗？

爸爸：不勉强。

心理咨询师：那你现在告诉她，"我很爱你，我害怕你离开我"。（实验）

父对母：我很爱你，我害怕你离开我。

心理咨询师：好像你喜欢一个人，当你表达感情的时候，很难让别人感受到。而且刚刚你对孩子表达爱的时候你用了一个"应该"。（描述）

心理咨询师：（面对孩子）你听了之后是什么感觉？（觉察）

孩子：不知道怎么说。

心理咨询师：一个爸爸当着自己的孩子面，对"你爱不爱我"这个问题的回答是"应该爱吧"。我在试着理解爸爸：潜意识里"我把你排在外面"，意识层面"我是应该爱的"你还告诉孩子，"我现在在积极地和你沟通""我应该爱你""我对你应该是爱的""我可能是喜欢你的，但不一定""我希望跟你做朋友，我们聊一聊"。孩子你告诉我，你心里是什么滋味，你会不会跟我玩儿？（觉察）

孩子：疯了。

心理咨询师："疯了"是你不会和我玩是吧？"疯了"是想把我打一顿还是你自己疯了？（重复，澄清）

爸爸：孩子说我疯了，我能感受到了。

心理咨询师：你好像体验到情绪了。（觉察）

爸爸：我感受到他说这个话的意思了。

心理咨询师：爸爸听你说疯了，他好像体验到了，你现在还想对他说点什么？（修通）

孩子：生气。他说不得不呀，应该呀，好像很委屈他似的。

心理咨询师：他好像很委屈，不情愿。（描述）你感觉他这个不情愿是谁造成的？是你造成的吗？（觉察）

孩子：……（沉默）

心理咨询师：他现在还是不舒服。现在我们交流了这么多，你有什么新的发现？告诉我，此时此刻你对自己有什么新的发现？（觉察）

爸爸：我没有真正用心地和我的小孩互动。

心理咨询师："我没有真正用心地和我的小孩互动。"告诉我，你现在跟我说话用心吗？我们两个咨询、交流，你觉得你用心吗？（觉察）

爸爸：我很专心。

心理咨询师：是，我能体会到你的专心，正是因为你的专心，你有了体验，有了收获，对不对？（澄清）所以，刚刚你提到，"我有可能没有用心地和我的小孩互动……"

爸爸：以前他说我疯了，我不明白。假如我喜欢你，我又把你排在外面，真的……

心理咨询师：但是现在你看到了，对不对？（澄清）

妈妈：我也是到刚才才真正有一点体会到，在家里作为一个这样的身份、角色，我也会考虑到自己的平衡，或者是自我的保护。而这种保护状态让我也没有很好地、真正地对小孩更用心。我心疼孩子。我最近出去了很长时间，回来之后，小孩就自己主动去奶奶家了，其实就是给我们空间。平时他也是基本上都不会给我们添麻烦，对我也没有任何要求。我是觉得我真的没有完全用心地对待这段关系。实际上，刚刚所说的种种状态是我要突破的部分。

心理咨询师：你表达这部分的时候流下了眼泪，特别是讲到孩子很懂事的时候，有很多情绪。你感觉自己没有完全地投入，很遗憾。（描述）

妈妈：是，其实会伤到孩子。孩子的亲妈走的时候，他还很小。在现实中，他们基本没有再提起他妈妈。他不说，爷爷奶奶也没有说，完全把他妈妈屏蔽了。我去他们原来住的地方，家里没有孩子亲妈的痕迹。幸运的是，孩子对我还是比较接纳的，在沟通中他也愿意跟我沟通，但反过来我是有考虑的。

心理咨询师：考虑什么？

妈妈：我会觉得，这个应该是他父亲跟他说。如果我投入太多，也要考虑到他父亲的感受。

心理咨询师：你告诉我，你有没有当妈妈的感觉？来到这个家以后。你有没有当妈妈的感觉？（觉察）

妈妈：……（沉默）

心理咨询师：你告诉我当妈妈的感觉好不好？你喜不喜欢当妈妈？当妈妈是什么样的感觉？一位女性，有一个家庭，有孩子，当妈妈的感觉，你告诉我。（觉察）

妈妈：我现在在这个家庭里面没有当妈妈的感觉。我理解中的妈妈是很温暖、很包容的。

心理咨询师：是什么阻碍了你的温暖和包容？（觉察）你很心疼孩子，你也很爱他，你的温暖和包容，慢慢地感觉。（描述）

妈妈：就是怕自己受到伤害。

心理咨询师：（面对孩子）你想说什么？（觉察）听到妈妈说，孩子会自己回到爷爷奶奶家。（描述）

孩子：我有种温暖的感觉。我被看到了，然后我还挺期望，挺喜欢这种感觉。

心理咨询师：（面对爸爸和妈妈）刚刚你们一直说，你们愿意和他走得很近，你们交流的也很多。我们再试着回看一下我们的整个问题。这个家庭遇到的困难，你告诉我，此时此刻，我们应该面对的"我的家庭"的困难是什么？"我可以怎么做？"（澄清，觉察）

爸爸：我真的能够用心地和孩子接触。

心理咨询师：我想问一下你，"我真的能够用心地和孩子接触"这句话的

结尾是一个问号，还是一个叹号？（澄清）

爸爸：问号。

心理咨询师：所以你现在对自己还是有一点怀疑，是不是真的能够在短时间内和孩子用心地接触。是不是？（澄清）

爸爸：是。

妈妈：我此时此刻感觉我可以再勇敢一些。我以前没有很多力量，或者已经习惯了，无所谓啦。现在我愿意试着跟他多接触一点。

心理咨询师：先生，你告诉我，你听了太太的表达，她愿意更勇敢地投入一些。你从一个家庭的男人，孩子的爸爸，太太的先生的角度，你刚刚讲到你对你的用心还是有一点怀疑……（描述）

爸爸：……（憋住哭）

心理咨询师：不要憋着，不要憋着。

爸爸：觉得这么多年……在我和孩子相处的这个状态，我觉得……

心理咨询师：也就是刚刚，你的这个怀疑是对自我的怀疑，对不对？（澄清）

爸爸：是的。我很愿意去尝试。

心理咨询师：你愿意去尝试。（重复）你看着孩子，告诉他，我愿意去尝试。

（实验）

爸爸：我愿意去尝试，用心地……

心理咨询师：你平常和孩子是不是用广东话交流？ OK，你用广东话告诉他。

爸爸：（尝试）广东话没有这个表达，不习惯。

心理咨询师：记住这个感觉，说出来，"我愿意试着用心和你交流"。（实验）

爸爸：我愿意用心和你交流。

心理咨询师：告诉我，你刚刚的眼泪是不是后悔？是什么让你流下眼泪？（澄清，觉察）

爸爸：这么多年这么对他，我也觉得不好……

心理咨询师：这么多年你这样对他，你也觉得不好，现在你觉得很后悔，你感觉很抱歉，觉得自己错了，是不是？（澄清）现在你告诉你的孩子：你错了。（实验）

爸爸：我错了，这么多年，让你受委屈了。

心理咨询师：说出来，"爸爸会用心爱你，会用心地对你"。（实验）

爸爸：爸爸会用心爱你。

心理咨询师：（面对孩子）你告诉我，你有什么感受？（觉察）

孩子：感觉挺好的。他有他的一些不容易。

心理咨询师：你好像还在理解爸爸，对吗？（澄清）

心理咨询师：你的儿子在理解你。（描述）

心理咨询师：时间也差不多了，今天我们每个人都有一些收获，有些感动。我们有这么多收获、感动、顿悟，我们感动了自己，也感动了家人。从此时此刻开始，我们愿意在感情上有更多联结。现在我们说说自己愿意为这个家做些什么？自己作为这个家庭的男主人，女主人和孩子，作为这个家的父亲、母亲和儿子，自己愿意为这个家、为自己做些什么？（觉察）现在把你的手放在胸口，这样说："我，×××，作为这个家的父亲和男主人，愿意为这个家做……"

爸爸：我，×××，我愿意为这个家庭带来很多快乐。我也愿意自己活得更加真实。

妈妈：我，×××，愿意为这个家庭做好自己的角色。我是一个太太，同时也是孩子的母亲，愿意为家庭带来更多平安喜乐，能够有一个更加宽广、包容的心。对丈夫有更多关心，对孩子有更多照顾。对我自己，我希望在这个家庭里面学习怎么爱。

孩子：我作为家庭的儿子，我愿意更体谅爸爸，也想跟阿姨有更多交流。我自己能够真正地融入家庭中。

心理咨询师：能够真正融入家庭中，如此简单却感人。我们都伸出手来，感受一下这种接触。感受我们的家庭带给我们的力量，感受一下彼此的存在，感受一下这种融入，感受相互的支持。当我们遇到困难的时候，记住这种感觉，这种在一起的感受，记住这种支持。

上述案例是格式塔取向的家庭咨询的一个典型的案例。在格式塔取向的家庭咨询中，遵循的一个最基本的原则是"整体性"原则，即家庭是一个整体，每位家庭成员都是这个整体中的一员。格式塔取向的家庭咨询是从整体的视角出发看待家庭问题的。因为在很多情况下，家庭的问题往往不是某个人身上反映出来的，而是家庭整体问题的一种外泄。一般而言，在进行格式塔取向家庭咨询时，最好的情况是所有的家庭成员都在场。

本书作者将格式塔取向家庭咨询分为五步：第一步是探索家庭问题；第二步是澄清家庭问题；第三步是修通家庭关系；第四步是增加家庭成员的良性互动，为自己负责；第五步是通过接触来加强家庭关系的支持。

案例三：盗梦空间——格式塔梦工作

梦工作一直以来是心理咨询师的一项基本功，不论精神分析还是格式塔，梦工作都是个体通往潜意识的大门。以下的梦工作，是格式塔心理咨询师基于现象学理论的工作路径，既没有分析、没有解释、没有评判、没有预设，也没有任何花哨的技术，只是跟随着来访者，用人本的态度和格式塔的觉察，让来访者处于和心理咨询师的"我-你关系"里，让来访者自己呈现状况，自己领悟。是的，也只有造梦者才知道梦的意义。

来访者：我的梦有三个场景。

场景一：梦见在单位的一块地上，有一个富豪的房子。二层的大厅透着柔和的灯光。房子旁边有一间储藏室，靠墙的一面有一个木头架子，架子有很多层，上面一层一层地摆满了各种瓶瓶罐罐。单位的一位员工订了一个快递，送快递的是个个头很高的男人。这个送快递的男人把那个包裹直接摆在架子的最上层，包裹里是一个陶瓷罐子，很大。罐子一放下去，架子就塌了。但架子并不是扑面倒过来，而是慢慢往下沉。下面一些瓶瓶罐罐就碎了，但没有流出液体。我感觉有些瓶瓶罐罐里好像是装的洗涤液之类的。我知道那里有很多人，是我们单位的工人之类的，但我没看到，我对他们说："你们谁有需要的就拿走吧。"有的就去拿了。

场景二：我突然想起领导让我找一个员工，让他和一个科室的主任收集什么材料。可是这个员工说，他不认识那个主任。刚说完，那个主任就从对面走过来了。我正想给他们介绍，这时，我爱人突然走了过来，说："院长都走了，你让他们把这些数据收集上来，那这个活又变成是你的了。"于是我就没有和这两个人说。

场景三：我要过马路，马路上有挖掘机，是那种有两个螃蟹爪子似的挖掘机。我就想我要从这过啊，我刚走到那两个爪子的空隙那，挖掘机就动了。那两个爪子在挖土，我正好在两个爪子的中间，有惊无险地躲过去了。然后我就赶紧穿过去。我走到另一个爪子下面，那个爪子又挖土来啦，那个爪子就挨着我挖下去了，没有伤着我。到这我就醒了。

来访者：梦中有几个地方没有弄明白，一个是挖掘机在道上挖土，"我"在那中间生怕它挖到"我"了。"我"蜷成一团，但当时"我"在梦里好像并没有特别害怕，就是很紧张，想着它可千万别碰到"我"啊。还有一个就是架子坍塌，是垂直往下塌，而不是这么扑面倒过来。还有一个就是快递员送东西，他不是应该谁买的给谁吗，他为什么会往架子上放？

梦是做梦者本身自发性的表达，梦中的每个部分都代表了个体受到投射及否认的不同面向。

——格式塔心理咨询创始人皮尔斯对梦的观点

心理咨询师：你一个劲儿强调那个架子倒了应该是砸到自己，你说了好几次应该是扑面倒过来。但它没有，它是直往下坍塌的。潜意识是这样坍塌的，它没有砸到你，但意识层面你渴望它是这样（扑面）倒过来的。对不对？我们看，架子上放了很多瓶瓶罐罐。一个架子，上面放了好多瓶瓶罐罐，你告诉我，这个架子，如果它有生命，它的感觉和感受是什么？

处理投射最好的方式就是在此时此地"成为"被投射的对象，以便能真实地接触并经验自己的需求、情绪、特质或压抑的感受。所以，格式塔取向的心理咨询师经常会邀请来访者体验"成为"梦中的各种东西。

来访者：承受不住。东西压得太多了。

心理咨询师：你再感受一下。

来访者：还不清晰。

心理咨询师：瓶瓶罐罐，东西太多，承受不住，是吗？

来访者：嗯。

心理咨询师：你闭上双眼。我们试着回到梦里的场景。看到那个架子上的瓶瓶罐罐。当你看到这个满满的架子，你内心的感觉和感受是什么？

来访者：混乱。

心理咨询师：很混乱。好，说出来，我看到这些很混乱。

来访者：我看到这些很混乱。

心理咨询师：我很混乱。

来访者：我很混乱。

心理咨询师：我很混乱。

来访者：我很混乱。

心理咨询师：OK，非常好。把所有的注意力聚焦到这些瓶瓶罐罐上，聚焦到这个架子上。现在感觉，我就是这个架子，马上就要坍塌了。这么多瓶瓶罐罐压在这个架子上。你此时的感受是什么？

来访者：就是承受不住。

心理咨询师：说出来，我承受不住。

来访者：我承受不住。

心理咨询师：我承受不住了。

来访者：我承受不住了。

心理咨询师：大点声，我承受不住了，我承受不住了。（重复，放大）

来访者：我承受不住了，我承受不住了。

心理咨询师：进入那个场景，你感觉自己被压垮了，被这么多的瓶瓶罐罐压垮了。现在我们放松一下，吸气，停留，呼气。再来一遍，吸气，停留，呼气。好，你告诉我，当你成为那个架子，被压垮的那一瞬间，你的感觉和感受是什么？

来访者：反而卸掉了。

心理咨询师：反而卸掉了。OK，当你被压垮要倒的那个时候，你强忍承受的时候，这种感受和感觉让你想到了现实生活中的什么？

格式塔梦工作的重要部分便是将梦与现实生活相联结，由梦中的感受引发生活中真实存在的困境或问题，由此直接处理此时此刻呈现出来的议题。

来访者：（哭泣）我想到了我婆家对我们各种各样的索取，就是我有承受不住的感觉。因为公公瘫痪以后由两个姐姐照顾，我们除了给她们照顾公公的费用，她们每次家里有人生病，或者是家里有困难，我就有被要挟的感觉。她们生病，隔着几千里地，都跑到我这来治病，这个费用我们要承担。我们每次还要给他们寄药，这种经济压力，我承受不住，我想到这个。

心理咨询师：再搬把椅子上来。这把椅子还是很有力量的。（看了看周围）找个小凳子，上面放上很多杯子。

格式塔心理咨询是一种高度创意的工作，心理咨询师可以充分地利用现场的物品，发挥创造力、想象力，或者按照直觉的指引行事，帮助来访者亲身经验，探索与寻找问题解决的新途径，这就是格式塔心理咨询的实验。实验可以

让一个人在体验层面看到自己或看到事件的真相，而不是靠语言、逻辑加以分析。

来访者：（站着没有动）

心理咨询师：还有小椅子吗，垫子也可以。

来访者：（坐在垫子上）

心理咨询师：你再感受一下这些瓶瓶罐罐，好多好多，这把小椅子可能马上就会承受不了了。试着把手放到上面，感觉快要承受不了，可以说出来，我承受不了了。

来访者：我承受不了了，我承受不了了。

心理咨询师：我承受不了了。

来访者：我承受不了了。

心理咨询师：嗯。（低声）感觉这么多瓶瓶罐罐都在压着你，每个瓶瓶罐罐都在带给你压力，告诉我，你的感觉和感受是什么？

来访者：压力特别大。

心理咨询师：压力特别大，现在可以做些什么？

来访者：想把它卸掉。

心理咨询师：（重复）想把它卸掉，OK，说出来，我想把你们卸掉。

来访者：我想把你们卸掉。

心理咨询师：我真的想把你们卸掉。（拿走纸杯）

来访者：我真的想把你们卸掉。

心理咨询师：我很累。

来访者：我很累。

心理咨询师：我真的很累。

来访者：我真的很累。（开始哭泣）

心理咨询师：（一直在全情陪伴，轻轻发出嗯嗯声）放松，OK，现在想对自己说些什么，把最想对自己说的话说出来。

来访者：我想多为自己考虑，（哭泣）可是我有特别多的顾虑。

心理咨询师：我们试着这样表述："×××（来访者的名字），我可以为自己考虑。"

来访者：×××，我可以为自己考虑。

心理咨询师：再来，×××，我可以为自己考虑。（声音很轻）

来访者：×××，我可以为自己考虑。

心理咨询师：×××，我可以卸下一些东西。

来访者：×××，我可以卸下一些东西。

心理咨询师：不着急，我们试着回到那个梦里，回到那个压满瓶瓶罐罐的架子上，现在那个架子马上就要倒了，很无力，马上就要倒了，这时，我们可以先拿掉哪一个，试试，你可以卸掉哪一个？

来访者：先拿掉最大的那一个。

心理咨询师：最大的那一个，上面写着什么？最大的那一个仿佛在说什么？

来访者：最大的那一个好像在说，你是他的老婆，你就应该替他承担这一切。

心理咨询师：嗯，你是他的老婆就应该为他承担这一切，你就应该承担这一切，这是最大的一个，是吗？你看看你能搬动吗？试一试，伸出手来。试着去摸杯子，告诉它，我可以。

来访者：我可以把它拿下来。

心理咨询师：嗯，这时候你再看那个架子，怎么样？

来访者：在颤抖。

心理咨询师：在颤抖，嗯，它在颤抖，但它依然没有倒。你再看看，还有哪一个，你可以把它卸下来？

来访者：这个我可以把它拿下来，这是我的二姑姐，我可以把它拿掉。

心理咨询师：嗯，告诉她，我拿掉你，并不等于不爱你。

来访者：我拿掉你，并不等于不爱你。但是你应该为你自己承担的，不是我应该为你承担的。

  心理咨询师：好。再看那个架子。

  来访者：好像已经好很多了。

  心理咨询师：嗯，上面还有很多，你可以拿下来一些。

  来访者：我可以把大姑姐拿下来。

  心理咨询师：OK，告诉她，我同样很爱你。

  来访者：我同样很爱你，但是你也有自己的儿女，你要为自己负责任，为你的儿女负责任，不是我来为你担这一切。

  心理咨询师：嗯，告诉她们，你们是你们，我是我。

  来访者：你们是你们，我是我。

  心理咨询师：再看这个架子，还是没有倒，是不是？

  来访者：嗯。

  心理咨询师：好，现在，放松。此时你可以继续拿掉架子上的瓶瓶罐罐。

  来访者：我觉得这些我可以担着。

  心理咨询师：嗯。我可以担着。说出来，这些我愿意担着。

  来访者：这些我愿意担着。

  心理咨询师：我愿意为自己负责任。

  来访者：我愿意为自己负责任。

  心理咨询师：我可以承担。

  来访者：我可以承担。

  心理咨询师：嗯。把手放在这个架子上，告诉自己，我愿意承担这些责任。

  来访者：我愿意承担这些责任。

  格式塔心理咨询的重要理念是，人都有处理好自己事情的能力。心理咨询师会鼓励来访者主动承担责任，最终促进个体全身心地投入此时此地的生活。心理咨询师也会根据当前的需要创造性地做出调整，从而增强来访者的健康与活力。

　　心理咨询师：放松。吸气，呼气。吸气，呼气。放松，把手放在自己的胸口，感受一下，此时此刻，内心的力量和坚定，告诉自己我可以，而不是我应该。

　　来访者：我可以。

　　心理咨询师：慢慢地，深呼吸，吸气，呼气。深呼吸，吸气，呼气。很好，慢慢地睁开双眼，站起来。放松，放松，非常好。现在感觉怎么样？

　　来访者：现在轻松了很多。

　　本次心理咨询的一大亮点是成功地将实验用于梦工作中，这对心理咨询师的挑战性极高。因为梦总是呈现不合逻辑的内容、混乱交错的时间、快速切换的离奇场景，同时伴随着来访者充满张力的情绪。心理咨询师要非常敏锐且具备高度的创意性，准确地把握来访者的核心事件和情绪，才能找到最适宜的实验方式。